U0087041

漫畫科普 ②

冷知識王

世界其實很有趣
生活應該
多一點療癒！

漫畫科普冷知識王 2：世界其實很有趣，生活應該多一點療癒！

作　　者：鋤　見
企劃編輯：王建賀
文字編輯：詹祐甯
設計裝幀：張寶莉
發 行 人：廖文良

發 行 所：碁峰資訊股份有限公司
地　　址：台北市南港區三重路 66 號 7 樓之 6
電　　話：(02)2788-2408
傳　　真：(02)8192-4433
網　　站：www.gotop.com.tw
書　　號：ACV042100
版　　次：2021 年 02 月初版
　　　　　2024 年 04 月初版十六刷
建議售價：NT$350

國家圖書館出版品預行編目資料

漫畫科普冷知識王.2：世界其實很有趣，生活應該多一點療癒！
/ 鋤見原著. -- 初版. -- 臺北市：碁峰資訊, 2021.02
　　面；　　公分
　　ISBN 978-986-502-704-9(平裝)
　　1.科學　2.通俗作品
300　　　　　　　　　　　　　　　　　　109021495

目錄 contents

人物冷知識 001

生物冷知識

交通冷知識　　　　　　　　　　　　　075

科學冷知識

民俗冷知識

神秘冷知識 166

自然冷知識

人類是唯一獲得越多冷知識越感到快樂的動物。

人物

personage

1. 女媧第七天才造了人

女媧是上古神話中的創世女神，是福佑社稷的正神。

女媧娘娘

在第一批記載有女媧神話的古書如《山海經》和《楚辭》中，女媧在前六天造出了動物，第七天才仿照自己的模樣，造出了人並創造了人類社會。

第一天造雞

第二天造狗

第三天造豬

第四天造羊

第五天造牛

第六天造馬

第七天造人

後來又有熔彩石補蒼天的舉動，留下“女媧補天”的神話傳説。

更多
冷知識

①在傳統習俗中，大年初七為“人日”，即人類的生日。

②傳說女媧造人一開始是一個一個地捏，後來累了，便用樹枝沾泥水甩出一串泥丸子，泥丸子落地為人。

2. 飽讀詩書的鍾馗

鍾馗，是民間傳說中驅鬼逐邪的神仙。
據傳他是唐初終南山人，平素為人剛直，不懼邪祟，
但是長相奇醜，豹頭環眼、鐵面虯鬚。

能武

雖然長相兇惡，但其實他是個才華橫溢滿腹經綸的人，還中過進士。

能文

①鍾馗的原型有一種說法是商朝的丞相伊尹，他輔佐成湯建商滅夏，是開國功臣。

②鍾馗在春節的時候是門神，端午時則是斬五毒的天師，甚至一度還能求財，可以說是道教諸神中的萬應之神了。

3. 姜子牙活了 139 歲

說起姜子牙，也就是姜太公，
大概都會想到 "姜太公釣魚——願者上鉤" 這個家喻戶曉的歇後語。

用直鉤怎麼釣魚給我吃啊？

願者上鉤。

但是你知道姜子牙活了 139 年嗎？
根據史料記載，姜子牙生於西元前 1156 年，卒於西元前 1017 年，
享年 139 歲。

年輕人，想不想知道

我長壽的秘訣？

在那個醫療不發達的年代，139 歲真的非常長壽了！

更多
冷知識

①姜子牙家境貧窮，他當過屠夫、賣過酒，在 72 歲那年才遇到命中貴人周文王，是大器晚成的典型呢。

②周文王為求姜子牙出山，答應其拉車的考驗，曾經拉著車走了 800 步，便有了 "文王拉車八百步，周朝天下八百年" 的傳說故事。

4. 精通武藝的孔子

孔子是古代著名的思想家、教育家,是儒家學派的創始人。
不過孔子還有另一面,他還是個精通武藝的人。

有朋自遠方來

不亦樂乎

根據《史記·孔子世家》記載:"孔子長九尺又六寸",
身高足有 1.91 公尺,而且力氣大得驚人。

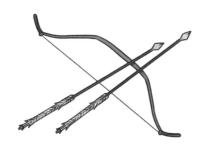

孔子擅長跑步,堪稱 "飛毛腿",他射箭和駕車的技術也相當高超。

①古人的姓氏名字型大小大有學問。孔子姓子,孔氏,名丘,字仲尼,沒有號。

②古人的號可以自己取,稱為自號;別人送的則是尊號或雅號。取號可以表明志向,也可以表示尊重。

5. 老子活了多少歲？

老子，是道家學派的創始人，姓李名耳，是春秋末期人，
但是關於老子的生卒年月，卻存在著很大的爭議。

根據 "孔子問禮老子" 的典故推斷，
老子生於西元前 571 年，卒於西元前 471 年，共活了 100 歲。
而若是根據《史記·老子韓非列傳》中記載，老子有可能活了 160 多歲。

可以確定的是
老子很注重養生

關於老子的生卒年月，現在還沒有一個確切的定論，
只能說的確是長壽之人了。

更多
冷知識

①老子又名老聃，民間相傳他一生下來就是白眉
毛白鬍子，所以有 "老子" 的稱呼。

②老子對道教影響非常深遠，在唐高宗時還被追
封為太上玄元皇帝，宋真宗時加號太上老君混元
上德皇帝。

6. 鬼谷子的名字是怎麼來的？

鬼谷子原名王詡，是春秋時期衛國人，
他不僅是道家的代表人物，還是著名的謀略家和兵法集大成者。
這樣一個偉大的人為何會有一個"鬼谷子"這樣詭異的稱號呢？

其實是因為王詡經常背著藥簍在雲夢山中採藥修道，
並且隱居在一個叫"歸谷"的地方。
這裡原始的自然環境造就了不少神秘色彩，
漸漸"歸谷"便成了"鬼谷"。

王詡也就被稱為了"鬼谷子"了。

①相傳鬼谷子的額頭有四顆肉痣，成鬼宿之象。　②為弘揚鬼谷子的功績，世人為他建立祠堂，為其母建立聖母廟，村子也改名為鬼谷子村。

更多冷知識

7. 屈原很愛化妝

屈原，是戰國時期楚國的著名詩人，他同時也是著名的政治家。
屈原的作品《離騷》廣為人知，而鮮為人知的則是——

> 銅鏡銅鏡，
> 今天我畫的眉毛好看嗎？
> 好看。

屈原很愛打扮！他在《楚辭・大招》中如此寫道：
"粉白黛黑，施芳澤只"，"黛黑"指的就是用黑色畫眉。

化妝前　　　化妝後

不只是屈原，古代男性都有自己的美容方法。
到了漢朝，男子化妝已經是一種基本的生活需求了，
化妝成了男性的一門必修課。

更多
冷知識

①史學家指出早在屈原之前，端午節就存在了，紀念屈原的日子剛好臨近，所以便併入了端午節的活動中。

②端午節的名稱不止一個，也被稱為"端陽節"，亞洲不少國家都會慶祝端午節，但是名稱說法不同。

8. 秦始皇為何統一了天下卻留下了衛國？

秦始皇在戰國時期橫掃六國，統一了天下。
不過，當時秦始皇並沒有統一所有國家，而是留下了衛國，
他為何會這麼做呢？

衛國就算了。

有一種說法是：衛國彼時僅剩彈丸之地，已經名存實亡，
所以秦始皇忽略了衛國。
另一種說法是：衛國是君子國，一直沒有參與諸侯紛爭，講究周禮，
秦始皇留下衛國，以尊重文化名地和文化名人。

還有一種說法是：秦國因商鞅變法而崛起，
商鞅和秦始皇的義父呂不韋都是衛國人，所以最後沒有吞併衛國。

①秦始皇有個稱謂叫"祖龍"，據《史記·秦始皇本紀》記載，這來源於一位陌生人，此人手握玉璧突然出現，並說了一句："今年祖龍死"。

②秦始皇和劉邦分別是兩個朝代的開創者，但他們的年齡只相差三歲。

9. 曹操不姓曹

魏武帝曹操，是東漢末年傑出的政治家、軍事家、文學家和書法家。
他本名吉利，字孟德。在很多文學作品中，也會被提及為"曹孟德"，
但是曹操並不是一開始就姓曹哦。

我姓什麼？

曹操的父親曹嵩是宦官曹騰的養子，曹嵩本名是夏侯嵩，是夏侯惇的叔父。
所以，其實曹操本姓夏侯。

哦～

曹操的本名是
夏侯操

不過，在《三國志》中，又有記載稱曹操原本姓氏不詳。

更多
冷知識

①曹操患有偏頭痛，是在濮陽大戰時被呂布用戟在他頭盔上重擊後落下的疾患。

10. 華陀的名字或許源自梵文音譯

根據《三國志》中記載，華佗本名叫華旉，字元化。
但也有學者認為華佗是源自梵文 "agada" 的音譯。

這草藥真棒。

因為華旉醫術高明，民間參考佛教神話尊稱他為印度的藥神 "agada"，
在梵文中意為無病、健康，也有藥丸、解毒劑的意思。

麻沸散　　麻藥

華陀在醫學上的最大成就是
發明麻沸散？

後來 "agada" 簡稱 "gada"，並被沿用了下來。

①華佗發明了一種叫 "麻沸散" 的麻醉劑，比西醫用的麻藥早了一千六百多年。　②華佗為關羽刮骨療傷是誤傳，關羽受箭傷是在西元219年，而華佗在西元208年已被曹操殺掉。

11. 張飛是三國歷史上的美男子

說起三國時代的美男子，大家第一印象都是周瑜和諸葛亮等人。
其實，張飛也是美男子哦！

但是張飛的形象被後來的民間繪畫和戲劇作品改編了，一提起張飛，
大家只會想起那個黑臉虬髯、面目兇猛的屠夫了。

對不起，
騙了你們。

這才是我的
真面目。

其實張飛的形象才不是一介莽夫哦！

更多
冷知識

①史書上記載，張飛在遇到劉備之前是屠夫，當時年僅 20 歲的張飛不僅擁有田園，還有許多僕役。

②《畫髓元詮》中也曾記載，張飛是個文武雙全的人，他不僅書法作品上乘，也很愛畫畫。

12. 李白可以憑筆墨吃霸王餐

李白，是我國唐朝最偉大的浪漫主義詩人，
與唐朝最偉大的現實主義詩人——杜甫並稱為"李杜"。

這真是一壺
好酒！

別人吃飯喝酒花錢，而李白吃飯喝酒花的是筆墨。

老闆結帳，
不用找了。

床前明月光
飯菜特別香

他只要題詩一首，便能當作飯錢，老闆還感恩戴德呢。

①杜甫是李白的忠實粉絲，雖然杜甫比李白小了**11**歲，但二人結為好友，也曾結伴出遊、詩書唱答。

②在喜好佩劍的文人當中，李白是比較出名的一個。他不僅喜歡在詩句中表現劍客豪情，他的"粉絲"們也常誇耀他的劍術。

13. 我們熟悉的杜甫像不是杜甫本人

我們最熟悉的杜甫像，要數以下這一幅了。
但這其實不是古人畫了流傳下來的，
而是現代畫家蔣兆和（西元 1904—1986 年）的作品。

著名的杜甫像

據說他在受邀畫杜甫像的時候查閱了很多資料，
卻沒有找到形容杜甫相貌的憑據。

無可奈何之下，蔣兆和先生便照著自己的臉畫了一張，
自此杜甫便以這個形象流傳於世。

更多
冷知識

①在杜甫的作品中可以經常看到關於魚的烹飪方法和吃法，因為杜甫一生中最愛吃的食物就是魚。

②李時珍最著名的畫像，其實是根據蔣兆和先生的岳父的外貌畫的。

14. 白居易為了避免掉髮，一年只洗一次頭

白居易（西元 772—846 年），字樂天，號香山居士，
是唐朝偉大的現實主義詩人，唐朝三大詩人之一。

白居易在《因沐感發，寄朗上人二首》中寫道："乃至頭上髮，經年方一沐"。
意思是，為了避免掉髮，白居易選擇一年甚至更久才洗一次頭的極端措施。

一年一度的洗髮日

①李白一生寫了 1010 首作品，白居易寫了 3680 首，而陸遊一生的已知作品有 9000 多首。

②白居易除了詩詞寫得好，也擅長釀酒。他用自己的秘方釀酒，即便是不喝酒的人也能分辨出品質出眾。

更多
冷知識

15. 蘇軾不但愛吃，還很會做菜

宋朝偉大詞人蘇軾可能是個滿臉肥肉、虎背熊腰的大胖子。
因為他最愛吃的是肥肉，而且嗜甜如命。

而蘇軾不僅愛吃，他還很會做菜。
據說在著名的菜品中，有66道菜受了蘇東坡的影響。

最有名的東坡肉

其中最著名的是東坡肉、東坡肘子、東坡魚和東坡豆腐等。

| 更多冷知識 | ①蘇軾初到嶺南地區時迷上了荔枝，他聽不懂方言，把"一啖荔枝三把火"聽成了"日啖荔枝三百顆"。 | ②蘇軾離開京城去杭州做刺史時，曾疏浚西湖，用挖出的淤泥在西湖邊修了一條堤岸，就是"蘇堤"。 |

16. 武大郎的真實身高是一八〇

在《水滸傳》中，武大郎是個身高一三〇，以賣燒餅為生的"小矮人"。

而武大郎的原型，現在普遍認為是一位叫武植的縣令。
武植雖出身貧寒，但聰穎過人，考中進士後便任一方縣令。

還我一八〇
大長腿

而近年來也有人認為施耐庵與武植不處於同一時代，
也不可能將後者寫進書裡。
所以武大郎的原型究竟是誰，仍然沒有定論。

①歷史上的武松和武植不是親兄弟，兩人相差幾百年，根本不是同一時期的人。

②根據歷史記載，武植和潘金蓮和睦恩愛，並育有四個孩子。

更多
冷知識

17. 乾隆皇帝是個寫詩狂人

乾隆皇帝一生寫了 43630 首詩詞，平均一天要寫一首，
是個名符其實的“寫詩狂人”。

他寫的基本都是打油詩，簡直是隨時隨地都在寫。

隨時隨地
都在創作

4 萬多首詩詞，已經抵得過整個唐朝兩千多位詩人作品的總量了。

更多冷知識

①乾隆還是位很長壽的皇帝，他活到了 89 歲。

②乾隆對玉器很癡迷，他給幾個兒子起的名字都與玉有關。著名的五阿哥永琪，這個名字也是一種玉器哦！

18. 真實的紀曉嵐口齒並不伶俐

歷史上記載的紀曉嵐才識淵博，精通天文地理，
基本上他什麼事情都懂，擔任過很多重要職位。

在經過改編的電視劇裡，紀曉嵐口齒伶俐，被譽為鐵齒銅牙，
但在現實中紀曉嵐不僅口齒並不伶俐，還有口吃。

紀曉嵐雖然有才，但是卻沒有得到乾隆的重視，
只是乾隆身邊的一位御用文人。

①紀曉嵐與和珅的關係其實很好，是忘年之交，在日常工作中兩人也會互相關照。

②紀曉嵐每一頓飯都會吃肉，連一點菜和飯都不願吃，可以說是非常挑食了。

更多
冷知識

19. 中山裝是孫中山先生設計的

中山裝以明朗的線條、俐落的剪裁和穿著舒適受到國人的喜愛。
據說，它的設計者正是民主革命領袖孫中山先生。

孫中山先生根據原有的服飾特點，
參考了南洋華僑和西裝樣式，親自設計了中山裝，
並由黃隆生協助裁製而成。

中山裝

中山裝穿著簡便舒適，樣式挺拔並有中華民族服飾特點，
在 1912 年還被民國政府定為禮服。

更多
冷知識

①孫中山先生一生鍾愛讀書，對他而言，書比食物更重要。

②孫中山先生一生曾用過或被人稱呼過的名字相當多，包括乳名、譜名、教名、筆名等，共有 30 多個。

20. 錢鐘書是愛貓人士

錢鐘書曾養了一隻名叫"花花兒"的小貓，
他對花花兒非常喜愛，經常整天都陪著小貓玩兒。

他還為這隻貓寫了一篇小説，名字就叫做《貓》。

花花兒體形較小，每次錢鐘書先生在屋裡聽見屋外有貓咪打架的聲音，
就會立馬跑到屋外去阻止別家的貓欺負花花兒。

①錢鐘書先生的鄰居是林徽因，林徽因也養了一
隻貓，經常在屋外打架的就是他們倆的貓。

②錢鐘書先生的號是"槐聚"，出自元好問的詩
句："枯槐聚蟻無多地，秋水鳴蛙自一天"。

更多
冷知識

21. 魯迅是狂熱影迷

魯迅第一次看電影是在日本留學期間，從此對電影的興趣一發不可收拾。
而在留學期間觀看的"日俄戰爭教育片"中，
當時中國人的麻木不仁讓他深受刺激，決定棄醫從文。

魯迅先生在上海生活的 9 年裡，一共看了 142 場電影，
好電影從不錯過，甚至一看再看，是一個十足的"狂熱影迷"。

<< 狂野大自然 >>

有趣的是，在看過的電影裡面，
魯迅先生最愛看的是關於大自然叢林中的野獸的影片，
類似於《動物世界》的內容。

更多
冷知識

①魯迅也是一位藝術創作者，除了自己設計書籍封面，還設計了北京大學的校徽。

②魯迅一生中使用了超過 **140** 個不同的筆名。

漫畫科普冷知識王2

22. 金庸有一位表哥叫徐志摩

金庸，是當代武俠小說作家、新聞學家、企業家，
他的代表作有《射鵰英雄傳》、《神鵰俠侶》、《天龍八部》等等。

金庸先生有一位表哥，是大家熟知的現代詩人及散文家——徐志摩。

而徐志摩有個筆名叫 "雲中鶴"，在金庸的武俠小說《天龍八部》中，
雲中鶴則是 "四大惡人" 裡排名最末的賊人。
這其中的關係頗引人深思啊！

①金庸最喜歡用的一個故事叫 "貓頭鷹數眉毛"，這是江浙一帶的民間傳說，貓頭鷹夜裡啼叫是在數病人的眉毛，眉毛被數清了，病人便會死去。

②徐志摩這個名字是他的父親取的，原因是在徐志摩小時候有一個名為志諧的和尚摸了他的頭。

23. 牛頓沒有被蘋果砸到過

牛頓坐在蘋果樹下時被蘋果砸到頭，他受此啟發而提出"萬有引力定律"，
相信很多人都知道這個發明萬有引力定律的過程。
不過，根據英國皇家學會公佈的一份手稿，
牛頓被蘋果砸中的橋段應該是後人杜撰出來的。

真實的故事是牛頓在花園中時，陷入了對萬有引力問題的沉思中，
這時一個蘋果掉在了他的腳邊，引發了他的進一步思考。

傳說中　蘋果砸到　蘋果掉到　現實中
　　　　牛頓頭上　牛頓旁邊

雖然蘋果沒有恰好砸在牛頓頭上，但也是一大"功臣"哦！

更多冷知識

①牛頓被譽為百科全書式的"全才"，除了力學，他在數學、經濟學和哲學上都有很大的貢獻。

②牛頓因獻身科學而耽誤了自己的"終身大事"。他曾與一名藥劑師的女兒訂婚，後來因為專注研究而使得這段感情無疾而終，終身未娶。

24. 貝多芬喝咖啡有一個重要原則

德國作曲家、鋼琴演奏家貝多芬很喜歡喝咖啡，
而且他喝咖啡時有一個重要的原則。

那就是他的每一杯咖啡都必須使用 60 顆咖啡豆，
多一顆或少一顆都不行。

據說他每次都要一顆一顆地加入咖啡豆，
非常享受咖啡豆慢慢落到咖啡壺中的過程。

①貝多芬從小就被鄰居批評不愛乾淨，長大以後依然保持著衣服破舊、頭髮髒亂的習慣。

②著名作家伏爾泰可能是歷史上最著名的咖啡上癮者，據說他有一天喝了 40~50 杯咖啡！

更多
冷知識

25. 愛迪生只上過三個月小學

著名的發明家、企業家愛迪生只上過三個月小學，
他的學問都是靠母親的教導和自學得來的。

從小母親對他的諒解與耐心的教導，
才使得原本被人認為是後段班的愛迪生，
長大後成為舉世聞名的"發明大王"。

愛迪生一生中擁有 2000 多項專利，是名符其實的"發明大王"。

更多
冷知識

①大部分人都只記得愛迪生發明了電燈泡，他的三大發明還包括了留聲機和攝影機。

②愛迪生說的"天才是 1% 的靈感加上 99% 的汗水"據說是出自作家辛蒂·梅耶斯的《靈感與汗水》。

26. 喬治·戈登·拜倫在讀書時養過一隻寵物熊

喬治·戈登·拜倫是英國 19 世紀初期偉大的浪漫主義詩人。

他在劍橋大學讀書的時候，想帶上自己的寵物狗，
結果被校方以校規不允許養寵物狗為理由拒絕了。

後來拜倫買了一隻熊，並聲稱校規裡沒有禁止學生養熊。
他不僅把熊養在寢室裡，還每天都牽著熊到學校的噴水池旁溜達。

①喬治·戈登·拜倫的女兒阿達·洛芙萊斯（原名奧古斯塔·阿達·拜倫），是世界上第一位電腦程式員。

②喬治·戈登·拜倫還是一個為理想奮鬥一生的勇士，他參加了希臘民族解放運動，並成為領導人之一。

更多冷知識

27. 查爾斯・達爾文是 "美食家"

提出著名 "進化論" 的達爾文是博物學家、生物學家，
同時也是一個 "美食家"。

為何會有這個稱號呢？
那是因為，據説達爾文吃掉了他發現的許多動物，還記錄了下來。

保護瀕危動物
人人有責

達爾文在日記中記載，自己吃過一種類似鴕鳥的鳥類、犰狳和穿山甲，
還有蝙蝠和蜥蜴。在無意中吃到糞金龜時，舌頭還受了傷。
但如今許多國家已經禁止食用野生動物，這種研究方法可行不通了。

更多
冷知識

①在父母的堅持下，達爾文曾經立志成為一名醫生，但是因為他害怕看到血液，便放棄了這一志向。

②在醫學院和農學院求學失敗後，達爾文父親一怒之下將其送進了神學院，但達爾文對自然歷史的興趣變得越加濃厚，完全放棄了對神學的學習。

28. 亞伯拉罕・林肯是摔角冠軍

亞伯拉罕・林肯是美國第 16 任總統，他是一位政治家和戰略家。

亞伯拉罕・林肯

看起來文質彬彬的亞伯拉罕・林肯，在 21 歲的時候就成為了摔角冠軍，
用他一身強健的肌肉橫掃對手。

21 歲的林肯已經是
摔角冠軍

林肯在一生 300 多場摔角比賽中只輸過一場，被列入摔角名人堂。

①林肯還曾是一名成功的律師，但他卻沒有任何學位。因為家中貧困，他在學校的時間並不長。

②林肯是美國歷史上目前唯一擁有專利的總統，他在擔任總統期間發明了幫助船隻解決擱淺問題的裝置。

更多
冷知識

29. 服部半藏是日本歷史上最強的忍者家族

提到日本忍者，最著名的名字莫過於服部半藏了。
這讓人以為這是一個具體的人名，其實不然。

原來服部半藏並不是一個人名，而是日本最強的忍者家族世代沿用的名號。
現在人們所說的服部半藏一般指的是服部家族的第二代族長，
"鬼半藏" 服部正成。

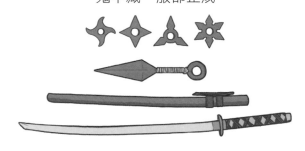

手裏劍、苦無、忍者刀

雖然歷史上沒有太多關於服部正成強大忍術的記載，
但卻記載了他的卓越功勳，因此服部半藏這個名號才得以流芳百世。

①忍術也有五行之分，據說其中一種金系的逃生忍術，就是直接拿出錢財賄賂追趕自己的人。

②忍者刀鞘的前半部分可以打開，拔出刀後，刀鞘就成為一根中空的管子，忍者可以透過這根管子在水中呼吸。

30. 武田信玄是日本戰國第一個精通 << 孫子兵法 >> 的名將

《孫子兵法》傳入日本以後，很長一段時間都只是在貴族世家之間的小圈子中流傳，被當做兵家秘笈來看待。

日本戰國時期的武田信玄因統治甲斐國，並且具有非凡的軍事才能，被稱為 "甲斐之虎"。他最大的嗜好就是研究《孫子兵法》。

戰略瑰寶
<< 孫子兵法 >>

精通《孫子兵法》的武田信玄成為了日本 "戰國第一名將"，也被譽為 "戰國第一兵法家"。

①武田信玄一生中有一個強大的競爭對手——特別強調武德義禮、律己非常嚴格的上杉謙信。

②武田信玄最擅長的一種戰法叫 "啄木鳥戰法"，也就是《孫子兵法》中的 "聲東擊西戰術"。

更多冷知識

冷知識 小劇場

鍾馗的蝙蝠助手

最近我都找不到妖怪了，阿蝠你幫幫我嘛。

鍾馗的身邊有一隻蝙蝠。

牠擁有探測妖怪的能力，

嗶啵

嗶啵

能讓妖怪無所遁形。

噠！呱！呱嗒？

發現了！貪吃小妖！

貪吃小妖 Lv.5

抓住它！

傳說中鍾馗身邊跟著一隻有特殊才能的蝙蝠，它是鍾馗的得力助手，可以探知妖氣，為鍾馗指路抓妖。

真實的忍術

土系 - 遁地術

事先挖好一個隱密的坑，

耐心

跳進去藏起來，就叫遁地術。

木系 - 藏匿術

事先準備一個木桶，

誰都看不見我！

然後把自己裝進去，躲起來。

金系 - 逃逸術

平時身上帶些銀兩，

啊？

然後賄賂敵人，趁機逃跑！

在很多人的印象中，忍者神秘無比，精通各種神奇的忍術。但除去這層絢麗的外衣後就會發現，神秘的忍術其實很接地氣。

生物
creature

生物

生物
creature
冷知識

31. 在恐龍出現之前奇蝦稱霸地球

5 億多年前，陸地上還沒有動物，然而在廣袤昏暗的海洋中，
一種長著血盆大口的巨大生物正起伏翻騰著。

它就是寒武紀時期最凶的食肉生物：奇蝦。
奇蝦的個體最大可達到 2 公尺以上，
而當時大多數生物平均體長只有幾公厘到幾公分。

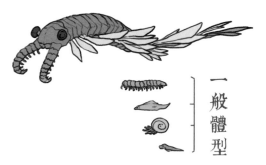

一般體型

由於奇蝦的龐大體型，沒有其他生物能與之抗衡，
它是當時生態系統中當之無愧的海洋霸主。

更多
冷知識

①奇蝦為何會滅絕，古生物學家猜測很可能因為奇蝦體型龐大，最後是因為沒有足夠的食物來滿足生存需求而被餓死。

②寒武紀生命大爆發被稱為古生物學和地質學上的一大懸案，這一時期地球的生物種類突然變得繁盛。

32. 可以在海底行走的怪誕蟲

在寒武紀時期，還有一種奇怪的生物叫怪誕蟲，
它們平均身長大約 3 公分，是一種可以在海底爬行的蠕蟲。

怪誕蟲擁有多對肉足，軀幹背側具有 7 對斜向上生長的強壯的長刺，
頭部細長，有環形齒。科學家一度認為它背上的刺才是它的腿。

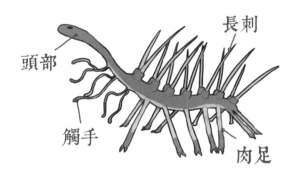

頭部

長刺

觸手

肉足

怪誕蟲是寒武紀中常見的物種，也是寒武紀最著名的動物之一。

①由於怪誕蟲構造奇特，科學家花了 73 年才分清了它的正反面，又用了 31 年才搞清楚哪邊是頭部。　②寒武紀時期大部分的生物在今天看來都長相奇特，這是因為這些生物都沒有現代近親。

33. 已發現體型最大的恐龍是易碎雙腔龍

易碎雙腔龍化石在 1877 年被挖掘出來，是一種草食性恐龍。

推算它的身長應在 35 ～ 80 公尺之間，身高在 14 ～ 16 公尺之間，
體重可達到 180~220 噸。

易碎雙腔龍
35~80 公尺

地震龍
30~36 公尺

人類

曾經被判斷為體型最大的地震龍，與易碎雙腔龍相比，
還是有很明顯的差距。

更多
冷知識

①曾有科學家表示，易碎雙腔龍的椎骨尺寸
有可能是誤寫，最大恐龍的稱號有可能屬於
瑞氏普爾塔龍。

②地震龍最初被認為是一個獨立的屬，但最
近的研究顯示地震龍可能是梁龍屬的一個大
型種。

34. 體型超嬌小的恐龍——樹息龍（擅攀鳥龍）

樹息龍的化石被大量發現於發現於道虎溝化石層。

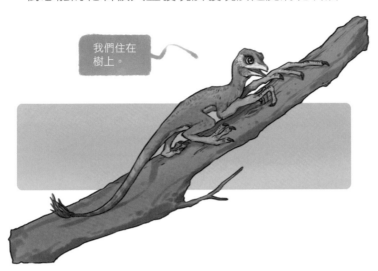

古生物學家根據其化石構造推測，樹息龍長期生活在樹上，
有些種類身長不到 20 公分，可說是已發現的恐龍中體型最小的一種。

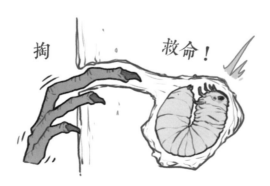

樹息龍全身覆蓋著羽毛，細長的第三指除了讓牠適應攀爬，
還能用手指把樹洞裡的蟲子掏出來吃。

①與鳥類起源有關的是，樹息龍這種類似鳥類的恐龍比侏羅紀晚期的始祖鳥更古老。 ②胡氏耀龍和樹息龍很像，但二者尾椎長度不同，胡氏耀龍是另一種小體型的恐龍。

更多 冷知識

35. 全身毛茸茸的華麗羽王龍

華麗羽王龍是由古生物學家在遼寧省西部
早白堊世地層中發現的一種恐龍。

成年的華麗羽王龍體長在 8 公尺左右，體重大約 1.4 噸。
雖然牠的體型比霸王龍小很多，但華麗羽王龍是已知體型最大的
帶羽毛的恐龍。

恐龍身上的羽毛
跟毛茸茸的小雞一樣

牠的發現顛覆了學術界對恐龍的認知，不斷發現的化石證據都在告訴我們：
恐龍無論大小，可能都是毛絨絨的。

更多
冷知識

①巨型恐龍為了有效散熱，體表羽毛很可能
已經退化，華麗羽王龍的羽毛可能與白堊紀
早期的氣候寒冷有關。

②最新的研究表明，我們熟知的霸王龍很有
可能也是有羽毛的。

36.翼龍不是恐龍，而是會飛的爬蟲類

雖然翼龍生存的時代和恐龍相同，名字中也帶有 "龍" 字，
但其實牠們一種能飛行的爬蟲類，與蜥蜴是近親。

身軀龐大的翼龍為什麼能飛行，主要得益於牠們完美的軀體——
管狀骨幾乎和紙張一樣薄，十分輕巧，部分骨骼之中還充滿空氣。

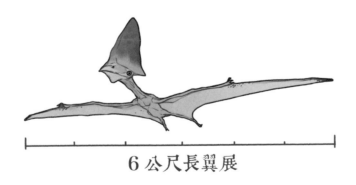

6公尺長翼展

比如有頭冠卻沒有牙齒的妖精翼龍，
雙翼展開可以達到 6 公尺，體重卻只有 30 公斤左右。

①翼龍的獨特結構在爬行動物中是獨一無二的，這使得翼龍在很小的起飛速度下就能產生足夠的升力。

②越來越多的化石證據表明，翼龍為了適應飛行的需要，已經具有了不同的生理機制和較高的新陳代謝水準，是最不像爬蟲類的爬蟲類。

37. 蛇頸龍的脖子並沒有想像中靈活

和翼龍一樣，生活在海洋裡的蛇頸龍也不屬於恐龍，
而是一種以貝類和魚類為主要食物的海生爬蟲類。

蛇頸龍擁有和蛇一樣的脖子，讓人以為牠能以扭動脖子靈活地游泳。
實際上蛇頸龍的脖子很僵硬，並不能像蛇一樣扭動。

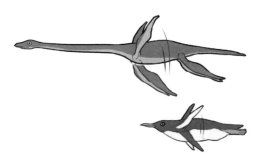

牠在全速游泳時是直著脖子滑行的，像企鵝一樣依靠前肢拍打著水前進。
脖子越長的蛇頸龍，游泳速度可能會越慢。

更多
冷知識

① 1987 年發現一具蛇頸龍化石腹部懷有完全
成型的胎兒，證明了蛇頸龍是卵胎生。

② 在影視作品中，恐龍的聲音是透過現代生
物聲音進行合成的，其實大部分的恐龍都不
會咆哮。

38. 最早的烏龜沒有龜殼

烏龜在地球上已經生存了兩億多年，烏龜的形象也深植人心，
但最早的烏龜其實是沒有殼的。

約 2.2 億年前，烏龜還只是掠食者們的盤中飧，
經過了長時間進化，身上漸漸出現了殼後才有了防禦能力。

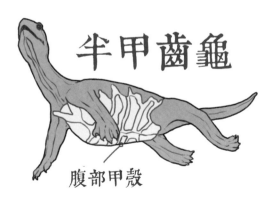

半甲齒龜

腹部甲殼

目前世界上發現的最古老的烏龜是半甲齒龜，在貴州省有發現其化石。
半甲齒龜的後背是沒有龜殼的，只有腹部有硬殼。

①半甲齒龜是還沒有完全進化的，處於過渡階段的烏龜，也可由此證明龜殼就是由肋骨特化而來的。

②不過也有科學研究表明，兩億年前的烏龜祖先並不是為了防禦而進化出龜殼的，而是為了更方便用身體進行鏟地活動。

更多 冷知識

39. 渡渡鳥從被人類發現到滅絕只"花"了200年

渡渡鳥是僅產於印度洋模里西斯島上一種不會飛、生性遲鈍的巨鳥。

渡渡鳥在被人類發現後,僅僅過了200年,
便由於人類的捕殺和人類活動的影響而徹底滅絕。

色彩艷麗的綠簑鴿

現代與渡渡鳥親緣關係最為親近的動物,
是也正瀕臨滅絕的綠簑鴿。

更多
冷知識

①渡渡鳥的肉異常難吃,間接證明人類的捕殺不是導致渡渡鳥滅絕的主要原因。

②自然災害也對渡渡鳥的滅絕產生了很大影響,但是人類導致的物種入侵才是最主要的原因。

40. 鼻頭長"叉子"的鹿

現在常見的公鹿頭上都頂著兩隻角,遠古生物奇角鹿卻與眾不同。
雄性奇角鹿的頭上長有三隻角,其中的鼻角像一支叉子。

古生物學家認為奇角鹿會利用頭上的角互相爭鬥。
而有些人開玩笑的說,說不定牠們會利用像"叉子"的角互相餵食。

請用餐

①奇角鹿的祖先是原角鹿,原角鹿之後的並角鹿長有分成兩隻的鼻角,進化到奇角鹿時合併為一隻。

②奇角鹿的角和現代長頸鹿的角很像,上面覆蓋著皮膚。

41. 被不斷目擊的卡布羅龍

傳說在加拿大溫哥華島附近海域及歐肯那根湖中，
生活著一種名為卡布羅龍，簡稱卡迪的大海蛇。

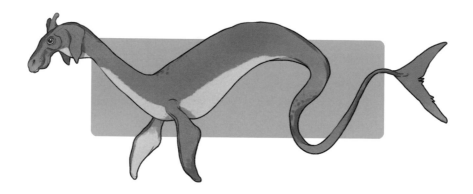

根據目擊者共同的描述，卡布羅龍長著像駱駝的腦袋，長 9~20 公尺，
像海蛇一樣的身體，有一對大鰭，尾部有平行鯨狀的尾鰭。

目擊者們描述
卡布羅龍的樣子

儘管至今沒有證據證明卡布羅龍的存在，
但是關於它的目擊報導卻數不勝數。

更多冷知識

① 1937 年，一搜捕魚船在一條巨大的抹香鯨的肚子中發現了一具屍體，這具屍體很像是卡布羅龍。

② 也有人提出，卡布羅龍很有可能就是人們一直在尋找的尼斯湖水怪。

42. 六角恐龍不但可以再生四肢，
還能再生大腦和心臟

六角恐龍並不是什麼兇猛的恐龍，而是一種叫墨西哥鈍口螈的兩棲類動物。

在牠蠢萌的外表下，隱藏著非凡的再生能力。

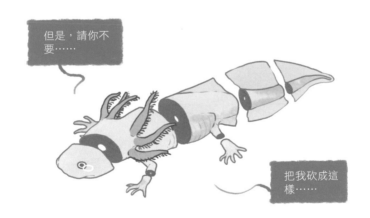

但是，請你不要……

把我砍成這樣……

墨西哥鈍口螈的四肢、尾部受損後都可以再生，
甚至是非常複雜的身體器官，包括部分大腦和脊髓都能再生。

43. 月魚是目前發現的唯一一種溫血魚類

根據以往的知識，我們知道魚類屬於冷血動物，
它們的體溫會隨著環境溫度的變化而變化。
但月魚卻是一種可以自主控制體溫的魚類。

身長
1~2 公尺
體重可達
70 公斤

月魚擁有體溫控制系統，能夠調節自身體溫，
保持自身溫度比周圍環境高出 5℃ 左右。
這樣能使它們的行動速度更快，在深海裡反應更加敏捷。

好快！！

正因為這個能力，讓它們能在冰冷的海洋中比其他魚類更容易生存。

更多
冷知識

① 月魚就算潛入 400 公尺深海也能保持恆溫。

② "冷血動物" 的血並不總是冰冷的，而是取決於環境的溫度，也稱為 "外溫動物"。如蛇和鱷魚就需要透過曬太陽來提升體溫。

44. "科技感"十足的閃光魚

閃光魚又稱燈眼魚，是一種"科技感"滿滿的珊瑚礁魚。
它們的眼睛下面有一些口袋狀的發光體，在黑暗的海底裡發出迷幻的光芒。

其他能發光的魚類都是透過自身的發光器官進行的，
但閃光魚眼睛下的其實是會發光的菌體。

研究表明，它們通過"眨眼"進行交流，
或者透過在魚群中閃爍來迷惑獵物和其他捕食者。

45. 電鱝是能放出高壓電的扁體魚

電鱝棲居在海底，一對小眼睛長在背部側面前方的中間，
在頭胸部的腹部兩側各有一個腎臟形蜂窩狀的發電器。

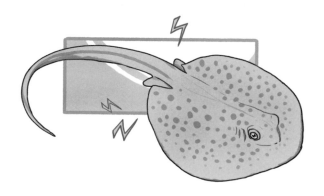

電鱝能放出 200~500 伏特的電壓，足以把附近的魚電死，
人類要是碰上也會被電暈。

電鱝利用發出的電流，將小魚小蝦以及其他小型海洋生物擊暈然後吃掉，
這就是它捕食和擊敗敵人的手段。

更多冷知識

①據估算，1 萬條電鱝的電能聚集在一起，可以使一列電力火車運行幾分鐘。

②電鰻是放電能力最強的淡水魚類，輸出電壓可以高達 300~800 伏特，被稱為 "水中高壓線"。

46. 海參不會游泳

海參雖然生活在海中，但是它們並不會游泳。
它們的前進方式是使用管足和肌肉的伸縮在海底蠕動爬行。
這個速度是非常緩慢的，1 個小時移動距離不超過 3 公尺。

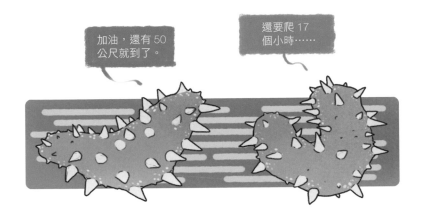

海參在受到機械性刺激或者遭遇不利環境時，會將自己的內臟排出以誘惑
敵人，供其飽餐一頓，然後借此機會逃生。

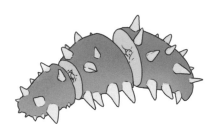

海參擁有再生能力

①一般來說，海水溫度低於 4℃或者高於 20℃時，海參就會進入冬眠或者夏眠的狀態。

②海參的再生能力很強，當海參被橫切為 2~3 段，每一段都能再生為完整的個體。

更多 冷知識

47. "長生不老"的燈塔水母

燈塔水母是一種身長只有 4~5 公厘的小型水母，
能夠看見它紅色的消化系統，狀如燈塔。

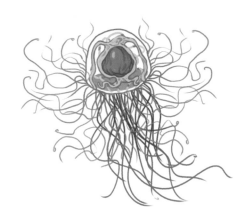

燈塔水母憑藉絕技——分化轉移，能夠實現返老還童。
水母在快要死亡的時候會分泌出一個圍鞘將自己包裹起來。
如果水溫和營養適宜，兩天之後，新生水母的水螅體就能明顯用肉眼區分了。
而這株水螅會產生新的浮浪幼蟲，浮浪幼蟲在水中繼續發育，
就會成為新的燈塔水母。

燈塔
水母　　　　　　　水螅體　　　　浮浪
　　　　　　　　　　　　　　　　幼蟲

這種分化轉移是沒有次數限制的，只要不是意外死亡或者被捕食者吃掉，
燈塔水母可以永生不死。

更多
冷知識

①燈塔水母在白堊紀中生代就已經存在了，
千百年來燈塔水母幾乎沒有進化。

②海洋圓蛤類的壽命非常長，科學家曾在冰
島打撈到一個壽命超過了 400 年的存活個
體，是地球上壽命最長的動物之一。

48. 水熊蟲是世界上生命力最頑強的生物之一

水熊蟲也叫水熊，是對緩步動物門生物的俗稱，有記錄的約有 900 多種。
它們體型極小，最小的只有 50 微米，而最大的則有 1.4 公釐，
必須用顯微鏡才看得清楚。

水熊蟲的生命力無比頑強，它們抗輻射、耐低溫、耐高溫，
甚至可以在沒有防護措施的條件下在外太空中生存。
它們在極端環境下會進入休眠狀態，而一旦將其放回正常環境下，
便會恢復到正常狀態。

水熊蟲在地球上已經存活了超過 5 億年，可以說幾乎沒有天敵。

① 2014 年 5 月，日本研究人員首次將冷凍 30 多年的水熊蟲成功復甦。

② 以色列首個月球探測器因故障墜毀在月球表面上，探測器攜帶的水熊蟲以休眠的狀態留在了月球表面。

更多
冷知識

49. 全身毛茸茸的安蜂虻真的很萌

安蜂虻曾經廣泛分佈於歐亞大陸上，是雙翅目家族中的一員，它是蚊和蠅的遠親，大眼睛、小嘴、胖身體，就像是一個會飛的絨球。

它們是不折不扣的素食主義者，用可愛的短吻來吸食花蜜。

同樣是蠅，

為什麼？

1915 年被發現的時候，安蜂虻的數量還有很多，
到今天已經很難找到它的身影了，它很有可能已經瀕臨滅絕。

更多
冷知識

①研究人員發現安蜂虻會將卵寄生在一種特別的螳蟲體內，而這種螳蟲也處在瀕臨滅絕的狀態中，這也是導致安蜂虻瀕臨滅絕種的原因之一。

②其中一種在冬天活躍的蜂虻被命名為"夜王帕蜂虻"，這一名稱來源於《冰與火之歌》中的著名角色夜王。

50. 能偽裝成蛇的毛毛蟲

有一種叫做赫摩裡奧普雷斯的毛毛蟲，一旦它感受到了攻擊，
就會將自己的尾部鼓起來，偽裝成一條蛇。

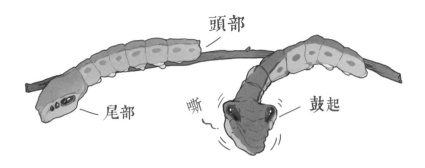

頭部

尾部　　　嘶　　　鼓起

為了讓自己看起來更像蛇，
還會對捕食者做出像蛇一樣的衝刺或者猛咬的動作。

顏色艷麗的象鷹娥

這種毛毛蟲是象鷹蛾的幼蟲時期，
象鷹蛾是一種顏色豔麗的昆蟲。

---

①赫摩裡奧普雷斯毛毛蟲有兩個品種，一種生活在乾燥林中，一種生活在熱帶雨林中，兩種都是無害的。　②從部分昆蟲化石中可以看到，1億年前昆蟲就已經演化出不同的偽裝術了。

更多冷知識

51. 蝴蝶的 "鼻子" 長在觸角上

蝴蝶的嗅覺器官長在棒狀的觸角上。

嗅覺器官

蝴蝶的觸角有著特殊的嗅覺細胞組織，
靈敏度之高讓人難以置信。
靠著這個棒狀的觸角，蝴蝶不僅能分辨不同的植物，
還能從 2 千公尺外就分辨出味道。

味覺器官

除了 "鼻子" 長在觸角上，蝴蝶的 "舌頭" 位置也和我們不一樣，
牠們的味覺器官是長在腳上的。
這個 "舌頭" 比人類的要靈敏 2000 倍，不僅能嘗出甜味，
還能識別出各種程度的鹹味和苦味。

更多
冷知識

①蝴蝶身上粉末狀的覆蓋物就是牠的鱗片，
在顯微鏡下，可以看到蝶翅上的鱗片像屋頂
瓦片一樣，排列有序。

②並不是所有蝴蝶都是靠採集花粉生存的，
有些蝴蝶和蚊子很像，依靠吸食血液來維持
生命。

52. 偽裝不是變色龍 "變色" 的主要目的

變色龍是自然界中公認的偽裝高手,是 "善變" 的樹棲類爬行動物,
變色龍的皮膚會隨著環境、溫度,甚至心情而變化。

最新的研究發現,變色龍變換體色不僅僅是為了偽裝,
還有一個重要的作用是用體色的變化進行資訊傳遞。

你 好 嗎

就像人類之間用語言打招呼一樣,變色龍也有自己的 "語言"。

①即使變色龍失去視覺,牠也可以根據環境　②變色龍無法隨心所欲的變色,不同變色龍
變換體色。　　　　　　　　　　　　　　　可變色的程度和範圍也不相同。

53. 蠍子在遇到危險的時候會 "斷尾求生"

　　雖然蠍子的形象總是高舉 "尾巴"，但那部分主要是蠍子的腹部。
當蠍子遇到危險的時候，牠會捨棄掉腹部和尾部的最後幾節，趁機逃走。

　　不過，因為蠍子的肛門就長在尾部，也就是螯針上面，
所以 "斷尾求生" 的蠍子，會因此失去排泄功能。

蠍子的肛門
在這裏

之後蠍子必須把排泄物憋在肚子裡，
研究顯示，蠍子最久可以 8 個月不排泄。

更多
冷知識

①所有種類的蠍子，它們的螯針都有毒。

②螯針並不是蠍子捕獵的主要武器，它們只
是利用螯針上的消化性毒液來輔助消化食物。

8. 世界上最大的肉食植物——馬來王豬籠草

動物吃植物，是自然界中最尋常不過的畫面。
但是偏偏有植物要 "反其道而行之"，透過 "進食" 動物維持生命。

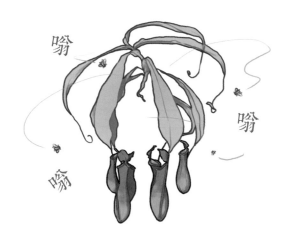

馬來王豬籠草是世界上最大的肉食植物，它透過捕蟲籠散發出的味道，
可吸引昆蟲及小型哺乳類動物掉入陷阱。

豬籠草捕蟲籠的內壁上佈滿粘液，一旦有東西進入籠裡便幾乎
沒有辦法逃出，只好接受被分解吸收的命運。
馬來王豬籠草甚至能 "吃掉" 一隻正常大小的老鼠。

①這些美麗又詭異的肉食植物中，有些已經瀕臨滅絕的狀態了。

②最敏捷的食蟲植物是捕蠅草，當蒼蠅、蚊子等昆蟲觸碰到捕蠅草夾子內側腺毛時，捕蠅草可以在 0.1 秒內閉合。

更多 冷知識

55. 世界上最臭的花——泰坦魔芋花

如果説"花是香的"是一條定律，那麼泰坦魔芋花就是來幻滅這條定律的。
泰坦魔芋花原產于印尼蘇門答臘的熱帶雨林地區，是世界珍稀的瀕危植物。

泰坦魔芋花開的時候，紅紫色的花朵會持續盛開幾天，
那期間會散發一種老鼠腐敗的臭味，俗稱"死老鼠味"。

真香！

它之所以會發出這種味道，是為了吸引蒼蠅
和以吃腐肉為生的甲蟲前來授粉。

更多
冷知識

①泰坦魔芋一生只開兩次花，長出果實後就會迅速枯萎，目前泰坦魔芋的數量已經很少了。

②泰坦魔芋是多年生球莖類植物，塊莖直徑可達 65 公分，最重可超過 100 公斤。

56. 世界上毒性最強的兩種蘑菇

都說豔麗的蘑菇是毒蘑菇，但是長相普通的蘑菇未必就安全哦！
有兩種蘑菇雖然看起來非常普通，卻是世界上毒性最強的兩種蘑菇。

淡黃綠色
的蘑菇

死亡帽

半個蘑菇
即可致命

第一種叫死亡帽，是已知的毒蘑菇中毒素最強的一種，
大約半個死亡帽蘑菇的毒性就能讓成年人喪命。

毀滅天使

另一種蘑菇叫毀滅天使，含有混合毒素。
中毒的第一症狀會在誤食後的 6 到 24 小時內出現，4 天內致人死亡。

①死亡帽的恐怖之處在於它強大的毒性、廣泛的分佈和極強的適應能力，能夠快速蔓延到其他地區。　②誤食毒蘑菇中毒後謹記要做的三件事：保存毒蘑菇樣本、進行臨時催吐並盡早去醫院治療。

57. 在夜裏發出鬼魅綠光的菌類

這種螢光小菇還有個詩意的名字，叫"螞蟻路燈"。

每當夜幕降臨，它們就會在黑暗中發出幽幽的綠色螢光，
在小型昆蟲的視角裡，就像路燈一樣。

螞蟻路燈

關於這種蘑菇的發光機制目前尚未查明，
但可知與螢火蟲的發光機制有所差別。

更多
冷知識

①月夜菌，又叫月光菌，長得有點像豬耳朵，在晚上或者比較暗的地方會發出淡黃色的螢光。

②目前已經發現的會發光的蘑菇一共有 71 種，主要分佈在世界各地的雨林中。

58. 已知毒性最強的果實之——念珠婉豆

世界上毒性最強的果實之一，是一種小巧可愛的小圓豆，
名字叫念珠豌豆，又被稱為非洲相思子。
念珠豌豆常見於熱帶地區，這種豆子和平時常見的紅豆相似，
但是頭部會有黑色圓點。

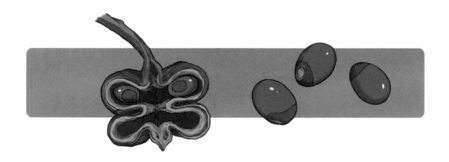

它的毒素非常強大，一顆豆的毒素就能殺死人類。

如果在野外看見它，可別因為好看就嘴饞哦！

更多 冷知識

①夾竹桃是常見的綠化植物，花期長，花大而豔麗，但它的葉子、樹皮、根、花和種子都含有劇毒，誤食會致死。

②紫藤也是一種非常美麗的植物，開花時會如瀑布般盛開，但這種植物也含有毒性，誤食的話會引發頭痛、噁心等症狀。

59. 長的像蘭花的蘭花螳螂

蘭花螳螂體長 3~6 公分，它的四條腿像極了花蕊，
整隻螳螂就像一朵淡雅的粉紅色蘭花。

我名不虛傳。

蘭花螳螂有著較為極端的性別二態性，即雌雄個體之間存在很大的差異。
成年雌性蘭花螳螂體長可達 6~7 公分，而雄性只有 2.5 公分。

蘭花與蘭花螳螂

蘭花螳螂擁有完美的偽裝術，
不同的蘭花螳螂個體還能隨著花色的深淺調整自己身體的顏色。

更多冷知識

①有一種生存在沙漠地區的螳螂頭部有一個扁平的凸起，光滑明亮，小蟲會以為是水滴而靠近。

②在古希臘，人們曾將螳螂視為先知。而因為螳螂前臂舉起的樣子又像祈禱的少女，也被稱為禱告蟲。

60. 把自己的身體當成 "蜜桶" 的蜜蟻

蜜蟻以吮吸甜柞樹等樹木的樹汁為生，除了滿足每日正常生存所需之外，
它們會將多出來的樹汁釀製成蜜，儲存在身體裡。

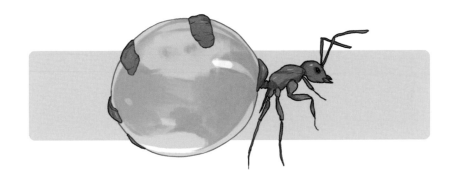

蜜蟻將自己的身體當作 "蜜桶"，儲存蜜露的腹部，
可以脹到正常大小的好幾倍。
腹部的顏色還會隨著所採集樹汁的種類不同而不同。

餓了吧！吐點出來給你。

太感謝了！

①螞蟻和人類的數量比大約是 160 萬：1，地球上所有螞蟻的總重量和人類總重量相當。

②龜蟻是一種生活在樹上的螞蟻，它們進化出了鍋蓋狀的頭部，可以用頭當作降落傘來滑翔。

更多 冷知識

61. 在陸地上奔跑速度 "最快" 的甲蟲——虎甲蟲

獵豹是陸地上奔跑速度最快的動物，奔跑的時速可達 115 公里。
不過如果按照體長比例計算的話，虎甲蟲才是最快的哦！

虎甲蟲每秒鐘可以移動自身體長的 171 倍，
如果按照比例將虎甲放大至獵豹的大小，
牠的速度則能達到每小時 1120 公里！

複眼

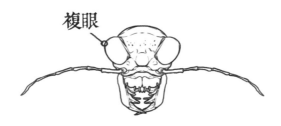

虎甲蟲也是兇猛的捕食者

虎甲蟲在極速移動時，由於其複眼結構的限制和大腦處理能力的不足，
會導致瞬間失明，所以在追捕獵物的過程中，
虎甲蟲不得不時常停下來重新定位獵物。

更多冷知識

①短距離游泳速度最快的魚類是旗魚，時速能達到 110 公里。極速游泳的旗魚可以擊穿漁船的鋼板。

②游隼是地球上飛得最快的物種，它的飛行速度可以達到每小時 390 公里。

62. 力氣最大的甲蟲——長戟大兜蟲

長戟大兜蟲的成蟲體長的最高紀錄為 18.4 公分，
是世界上最長的甲蟲。

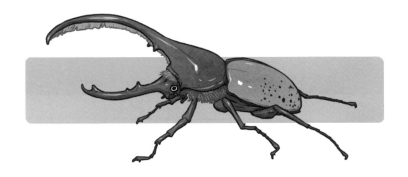

牠們力量之大，可以舉起較自己體重重 850 倍的物體，
按照體重比例計算的話，牠是動物中力氣最大的。

長戟大兜蟲的蛹

長戟大兜蟲是少有的體型巨大且環境適應能力極強的昆蟲，
它們活動的蹤影幾乎遍佈整個拉丁美洲。

①在歐洲，長戟大兜蟲又有 "赫拉克勒斯" 的美譽，赫拉克勒斯是希臘神話中的大力神。

②泰坦甲蟲是目前已知最大的一種甲蟲，生活於南美亞馬遜雨林中，據說牠強而有力的下顎可以咬斷一根鉛筆。

63. 世界上羽毛最長的鳥

日本用人工雜交培育出來的長尾雞,尾羽的長度十分驚人,
一般可以長到 6~10 公尺,是世界上羽毛最長的鳥類。
如果讓牠站在四層樓房的陽臺上,牠的尾羽可以一直拖到地面上呢!

我是住在高塔里的
長尾公雞。

這種長尾雞對於環境的要求非常高,
目前僅作為珍貴的觀賞性家禽在少數地方飼養,
不過牠們沒有尾羽的話就是普通的公雞啦!

剪掉尾羽 = 普通公雞

更多
冷知識

①一個雞群裡地位最高的雞,會透過啄別的
雞而別的雞,不能啄牠來顯示地位。

②科學研究顯示,播放古典音樂給飼養的蛋
雞聽,牠們下的蛋會更大。

64. 刀嘴蜂鳥的鳥喙是牠體長的兩倍

刀嘴蜂鳥的體型很小，其超長的鳥喙是最突出的標誌，
鳥喙最長可以達到體長的兩倍。
而刀嘴蜂鳥的鳥喙裡還有著更長的舌頭，
這舌頭讓牠們以每秒 13 次的速度吸食花蜜。

極長的鳥喙裡
藏著更長的舌頭

但是超長鳥喙帶來的麻煩是，牠們無法用鳥喙來梳理羽毛，
只能透過小小的爪子來完成。

身上好癢，

但是爪子
不夠長。

①刀嘴蜂鳥很聰明，牠們會選擇高大的喬木或者灌木作為築巢地點，以躲避飛禽走獸的侵擾。　②刀嘴蜂鳥搧動翅膀的速度也很驚人，在飛翔時翅膀的搧動頻率可達每秒 50 次以上。

65. 食蟻獸的舌頭長達 60 公分

食蟻獸沒有牙齒，但有一張長管狀的嘴。
牠們以螞蟻為生，管狀的嘴有利於深入蟻穴獲取食物，
牠們的舌頭更長達 60 公分，一天最多可以吞下 3 萬隻螞蟻。

小食蟻獸出生後會立刻爬到母親的背上，
在 7 個月的哺乳期中，牠們幾乎都待在那裡。

媽媽，我可以
下來自己走。

不可以。

更多
冷知識

①在動物園裡的食蟻獸可以享受到多樣化的
飲食，有貓糧、狗糧、水果、蜂蜜和優酪乳等。

②野外的食蟻獸在一個蟻穴中只會進食 3~4
分鐘，然後就會更換蟻穴。這樣可以保證螞
蟻的 "長期供貨"。

66. 小食蟻獸在遇到敵人時會發出臭氣

小食蟻獸也是食蟻獸的一種,
但其實與食蟻獸（別名"大食蟻獸"）之間的親緣關係並不相近,
體型區別也很大。

小食蟻獸有一個重要的特點,那就是牠們在遇到敵人時發出的臭味,
其臭味可與臭鼬匹敵!

與大食蟻獸的棲息地不同,
小食蟻獸過著樹棲生活,並在高處覓食。

①食蟻獸以螞蟻、白蟻為主食,偶爾會食用蜜蜂,小食蟻獸還吃水果和肉。

②和大食蟻獸比起來,小食蟻獸似乎更聰明一些,遇到危險時可以用後肢站立,用前肢嚇唬入侵者。

67. 北極熊的皮膚是黑色的

北極熊披著一身白色的毛，毛髮底下的皮膚卻是黑色的。

黑色皮膚

如果近距離觀察，就會發現北極熊的鼻頭、爪墊、嘴唇以及眼睛周圍
沒有毛的地方，便是原本黑漆漆的皮膚了。

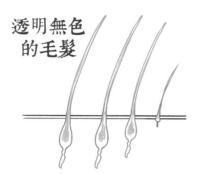

透明無色
的毛髮

北極熊的毛髮也不是白色的，而是透明無色的哦！

更多
冷知識

①北極熊有注意力不全症，萬一你正在被一
隻北極熊追逐，該怎麼逃命呢？專家建議一
邊逃跑一邊丟棄衣物哦！

②北極熊在海裡游的速度也不慢，牠們可以
用時速10公里的速度游上一天。

68. 馬是站著睡覺的

熟悉馬的人都知道，馬通常會站著睡覺。
因為身體結構的原因，站著睡覺的馬是不會在睡著之後摔倒的。

在野外生活的馬如果遇到了天敵，
這種姿勢能夠讓牠們迅速逃跑而免於被攻擊。

趴著睡和躺著睡

不過，嚴格來説馬站著睡覺的時候更接近打盹，而不是深度睡眠。
如果在一個安全的環境，牠們也會選擇臥倒或者躺下來睡覺。

①馬蹄鐵不僅可以保護馬蹄，還可以在奔跑過程中減震，功能有點類似於人類的跑鞋。　②研究指出，馬的記憶力很好，會記得善待牠的人。

69. 貓的瞳孔為什麼會發生變化？

貓的瞳孔會隨著環境的明暗程度來改變大小。
周圍環境的光線較暗的時候，瞳孔就會放大，可以接收更多光線。

陽光強烈的時候，貓咪的瞳孔就會變得細長。

扭動

牠們還會在手足無措時或者對一些東西產生了興趣的時候放大瞳孔，
這時候貓咪的瞳孔幾乎占滿了眼睛所有可見部分。

更多
冷知識

①有些貓的毛色會隨著牠們身體溫度的變化而變化，當牠們的體溫高於攝氏 37 度的時候，毛色會變深。

②布偶貓的毛髮密度比較大，中長毛比較柔軟不會輕易打結，掉毛的現象會比其他品種的貓少。

70. 主人身上的氣味可以刺激狗的大腦

主人身上的氣味可以刺激家中狗狗的大腦，讓牠們的大腦變得活躍起來。

狗狗聞到主人身上的氣味時就像人類聞到香水或者美食的時候一樣，
會覺得非常愉悅。

狗狗也很喜歡主人的襪子，因為那裡充滿了主人的體味，
即使是有奇怪的臭味，有些狗狗也會甘之如飴。

①狗沒有鎖骨，這讓牠們在奔跑和跳躍時能獲得更大的步幅，更有利於運動。

②貝生吉犬，一種被稱為"不會叫"的獵犬，牠們擁有靈敏的嗅覺，但極少發出叫聲。

冷知識小劇場

海參和蚯蚓

聽說我們切成幾截都能再生?

不是這樣的

把海參切成三截的話,

帶有泄殖腔的部分才能再生。

泄殖腔

把蚯蚓切成兩截,

帶有生殖環帶的那一截才能再生。

生殖環帶

現在你明白了嗎?

明白了,但我們也不用還真的把自己切開吧?

蚯蚓是環節動物,環節動物是高等無脊椎動物的起源,螞蟥也屬於環節動物門。

水熊蟲登月

水熊蟲的生存能力極強,

不論在多惡劣的環境裡都能存活。

曾經,一個登月探測器墜毀在月球上。

即將墜毀

這個探測器攜帶了一批水熊蟲樣本。

月球上的環境也不錯嘛。

我們在這兒繁衍下去吧!

水熊蟲或許會曝露在外太空中,

但牠們一定能活下去。

遙遠的未來,牠們會變異成太空生物嗎?

我們以後一定會統治地球的!

進化

太空環境複雜多變還有致命輻射,水熊蟲能夠在各種惡劣的環境下存活,那些遺留在月球表面的水熊蟲,說不定哪天就變異了。

交通
traffic
冷知識

71. 人類最早發明的水上交通工具是獨木舟

船舶的發明史要追溯到很久以前，
古人從樹葉和樹枝在水中漂浮的畫面中得到啟發，從而造出了獨木舟。
獨木舟是人類最古老的水域交通工具之一。

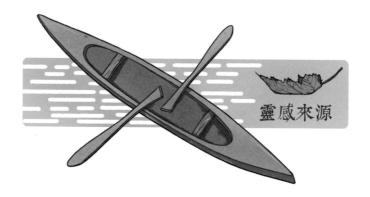

靈感來源

獨木舟的製造方法很簡單：把原木垂直剖開，掏挖成凹陷狀，即為舟。

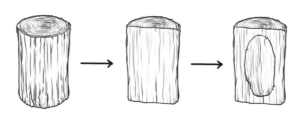

輕鬆完成原始獨木舟

72. 為什麼大輪船的螺旋槳那麼小？

相對於輪船這個龐然大物，位於船尾的螺旋槳看上去實在太小了。

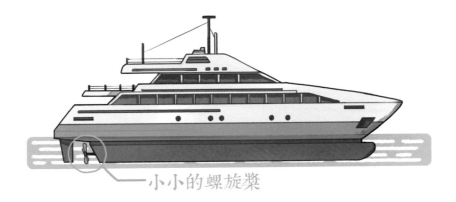

小小的螺旋槳

當然這是視覺誤差導致的，看上去不大的螺旋槳，直徑可以達到 4~6 公尺。

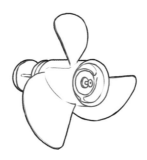

但螺旋槳要是太大，在水中遇到的壓力也會加大，
所以其實螺旋槳也不能做得過大。

①郵輪指的是海洋上定線、定期航行的大型
客運輪船，是旅遊行業的船舶，可以視為流
動型豪華酒店。

②遊輪不會橫渡海洋，而是會沿著海岸線或
在內陸河中航行，它們通常會在同一個港口
往返。

更多
冷知識

73. 世界上最快的環保快艇能用脂肪當燃料

"地球競賽"號是一艘高科技環保快艇,它使用的是百分之百的生物燃料,
而且不會排放二氧化碳。

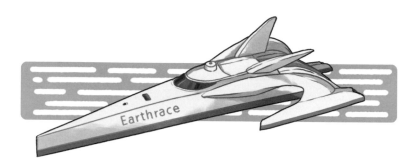

最神奇的是,它竟然可以使用脂肪作為動力來源。

燃料就交給我吧

這艘快艇的最高時速可以達到 74 公里,它曾以 60 天 23 小時 49 分的時間,
創下了快艇環繞地球一周的世界紀錄。

更多冷知識

①除了使用環保燃料,"地球競賽"號還有其他生態友好型特徵,比如使用無毒油漆。

②"地球競賽"號後來改名為"阿迪•吉爾"號,它在 2010 年被日本捕鯨船蓄意衝撞,被撞成兩截,自此報廢。

74. 潛水艇在海裡如何獲得氧氣？

潛水艇在航行時獲得氧氣的方式有三種。

第一種是露出水面，這時候在水平面上打開艙門，
就可以直接獲取外面的空氣了。

第二種需要外物的幫助，如制氧藥板和氧燭制氧，透過化學反應產生氧氣。

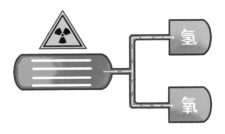

第三種方式是核子潛艇中使用的，核子潛艇以核能反應爐發電，
來分解海水生成氧氣和氫氣。

①當潛艇的噪音降至 **90** 分貝，就可以"淹沒"於浩瀚的海洋中，在噪音的掩蓋下就不會被現代聲吶偵測到。

②在蒸汽機發明前，潛水艇一直是靠人力推進。

更多 冷知識

75. 拱橋的懸空部分是怎麼建造的？

拱橋的中間懸在空中，承受那麼大的重量為什麼不會掉下來呢？
原來這是建築師按照力學平衡關係，進行精確計算的結果哦！

首先，精確測量河川的寬度，來決定拱形的尺寸，
然後在橋樑兩端建造支撐用的石牆，再配合拱形的角度，
用木頭做好底座，最後才在上面堆石塊。

堅持住，
不能倒下

好累哦

懸在橋洞中心的石塊，叫"要石"，顧名思義就是最重要的那塊石頭。
要石負責石塊之間的平衡，不得出半點差錯，不然橋就會垮掉。

更多冷知識

①橋樑的結構形式對於橋樑的承重力很關鍵，所用材料的品質也很重要。

②印度有一種"樹根橋"，是當地人利用印度橡膠樹的次生根生長規律，建造的純天然橋樑。

76. 爲螃蟹建造的橋

在澳大利亞的聖誕島上，有一座專門爲螃蟹而建的橋。

為了讓紅蟹在遷徙途中能安全通過馬路，當地政府修建了這一條專用通道，
甚至還會在遷徙的高峰期關閉相關公路和鐵路，保護紅蟹的安全。

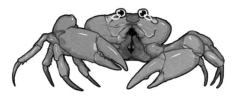

不由自主的流下了眼淚

澳大利亞聖誕島上的紅蟹遷徙，是一項很壯觀的自然景觀，
每年的 10 月底會有近 4500 萬隻紅蟹遷徙回到海洋中繁殖後代。

①青藏鐵路為了保護草原動物，根據動物的遷徙習慣，在各個路段建造了野生動物秘密頻道。

②在美國的加利福尼亞州有一條青蛙隧道，隧道的入口就像一個普通的排水管，而出口則在一條高速公路的對面。

77. 高鐵和火車的區別

高鐵和火車使用的都是動車組，所以高鐵也可以看作是超高速的火車，
兩者最主要的區別是運行時速和運行軌道的不同。

自強號、太魯閣、普悠瑪列車的營運速度為時速 130 ～ 140 公里，
高鐵的營運速度為時速 300 公里。

無碴軌道

火車主要行駛在舊的道碴軌道上，
而高鐵只能行駛在新的無碴軌道上。

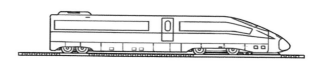

高鐵可說行駛在新修鐵路上的高級火車

總括來說，在國際標準中，高鐵是一種新型鐵路。
而我們所說的高鐵，則是行駛在新修鐵路上的高速火車。

更多
冷知識

①動車是指採用動力分散原理運行的列車，而普悠瑪及太魯閣列車就是動力分散式列車，並用傾斜式機構克服彎道多的路線，以更高速度通過彎道。

②高鐵全線設置的站點相對較少，也可以稱作是專線，而火車全線設置的站點較多，多用於城際之間的交通。

78. 世界上第一輛地鐵的車廂是露天的

1863 年 1 月 10 日，倫敦地鐵正式開通了，
它是世界上最古老的的地下鐵道。

那是一種以蒸汽機車牽引的地鐵，
在開通當天有將近 3 萬名群眾湧進地鐵站，都想嘗試一下。

由於技術限制，當時地鐵的載人能力並不高，
而且車廂是露天的，乘坐體驗實在說不上有多好。

①倫敦地鐵至今還有不少線路是沒有空調的，而且信號不好的地段也非常多，在倫敦坐地鐵上下班可不是一種享受。 ②首條電氣化地鐵為 1890 年通車的城市及南倫敦鐵路。長度最長的是北京地鐵、車站最密集的是巴黎地鐵、車站最多的是紐約地鐵。台灣的地鐵系統是 1996 通車的捷運。

79. 爲什麼有些地鐵的首末班車都不載人？

有些地方的地鐵會在每天的運營結束派出一趟空駛的列車，
不明就裡的群眾可能會覺得有點詭異。

其實這趟空駛的列車叫調試車，是為了保證列車行駛安全而發車的。

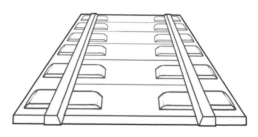

首班車以前要確保
軌道能順暢通行

而首班車之前空駛的列車叫軋道車，
是為了在首班車之前確保鐵道能夠順暢通行。

更多
冷知識

①嚴格來說，地鐵是沒有"掉頭"這件事，因為地鐵一般都是雙頭列車，達到終點站轉換方向叫做"折返"。

②大陸西安在修建地鐵的時候，平均每年挖出 300 多座古墓，一共持續了 5 年時間，堪稱中國之最。

80. 公車會因為超載而受罰嗎？

尖峰時刻的公車，車上乘客擠了滿滿的乘客，
會不會超載呢？

按照《道路交通安全規則》78 條第一款的規定，
載運乘客不得超過核定之人數。
但公共汽車於尖峰時刻載重未超過核定總重量者，不在此限。

尖峰時刻的擁擠程度

公車搭乘人數非司機能控制的情況，故放寬搭乘人數是權宜措施；
至於其他能控制載運人數之車輛（如遊覽車、校車、國道客運），
為維護行車安全，還是應遵守核定載客人數。

①搭乘公車很便宜，但公車本身很貴，造價 從幾十萬到上千萬不等。

②公車上安裝的玻璃是安全玻璃，內壁有一 層安全絲，當安全玻璃破碎時，玻璃碎片不 會四處散落。

更多 冷知識

81. 高速公路為什麼要鋪瀝青路面？

瀝青是石油提煉剩下的產物，優質的油作為工業用油，
剩下的就用來鋪瀝青路面。

選用瀝青來鋪道路主要有四個原因：
1. 瀝青平整性好，車輛行駛平穩舒適、噪音低，不易打滑；
2. 瀝青穩定性好；
3. 用瀝青施工快，維護也方便；
4. 瀝青路面排水較快。

水泥

瀝青

和瀝青相比，水泥屬於剛性地面，必須要有接縫，
施工難度比較大，一年中溫度的差異導致的熱脹冷縮也容易產生裂塊。

更多
冷知識

①瀝青有很大的毒性，直接接觸會嚴重威脅人的身體健康，所以鋪設瀝青道路是一項危險的工作。

②考古研究發現，早在西元前 1200 年，人們就開始使用天然瀝青了。古人會將瀝青作為兵器和工具的裝飾品。

82. 世界上第一輛自行車要用雙腳蹬地驅動

發明自行車的是德國一位守林人，名叫德萊斯（1785—1851 年）。

德萊斯每天都要在樹林間走來走去，多年走路的辛苦，
激發了他想要發明一種交通工具的欲望。
他想著，如果人能夠坐著走路，那豈不是輕鬆多了？

人坐在車上，用雙腳蹬地驅動木輪運動向前，
就這樣，世界上第一輛自行車問世了。

①世界上現在有超過 10 億輛自行車，數量是汽車數量的兩倍多。 ②我們今天熟知的自行車結構，從 1900 年以來就沒發生過特別大的變化。

更多 冷知識

83. 汽車在雷雨天不能加油

歡迎光臨！

暫停服務！

雷雨天氣的時候，經過閃電的雷擊，空氣中會彌漫著大量帶電粒子，
如果在打雷的時候加油，油槍很容易將電流引入車輛的油箱，引發火災。

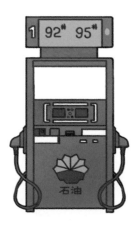

儘管現在每個加油站都會有防雷設施，
但是雷雨天氣還是儘量不要加油。

更多
冷知識

①汽車熄火前不能加油。如果加油後工作人
員沒有關閉加油槍，司機也不能發動汽車，
否則容易引起火災。

②在加油站也應避免拍打化纖衣服、用化纖
梳子梳頭等容易產生靜電的不安全行為。

84. 煞車和油門為什麼一高一低？

你是否發現到汽車的煞車和油門是一高一低的。

煞車和油門設計成一高一低，剎車比油門高 2 公分，
是為了增加兩者的辨識度。

如果兩者高度一樣，駕駛者很容易踩錯發生危險。

①自排汽車不是沒有離合器，而是有好幾個離合器。離合器在變速箱內，由變速箱的電控系統控制，只是沒有離合器踏板而已。

②有些路邊停車場會要求車頭一律朝外停放，除了看起來整齊美觀以外，還便於遇到突發情況時可以迅速撤離。

85. 很多汽車廠商直接用創始人名字命名

常說取名要好記好唸也要有意義，
但國外很多汽車廠商都直接用創始人的名字命名。

藍寶堅尼的創始人叫費魯吉歐 · 藍寶堅尼。

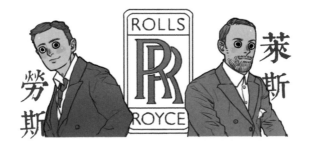

而勞斯萊斯的創始人則是兩位好朋友，
一個叫查理 · 勞斯，另一個叫亨利 · 萊斯。

更多冷知識

①汽車型號的命名有意思得多，大眾汽車的 GOLF 車型，名字來源於全球最大的暖流之一——墨西哥灣暖流 Golfstrom。

②日系車的命名則相對詩意一些，"卡羅拉" 是 "Corolla" 的音譯，這個詞是花冠的意思。

86. 勞斯萊斯標誌性的車頭雕塑是什麼？

勞斯萊斯最為耀眼的標誌就是它車頭上的飛天女神雕像。

私語 → 飛天女神

一開始這個雕像是少年用一根手指輕貼嘴唇的"私語"雕像，
後來逐漸演變成今天雙手如羽翼般向後伸展的飛天女神。

勝利女神像

這個雕像的創意來自於巴黎盧浮宮藝術品走廊的
一尊具有兩千年歷史的勝利女神雕像，
她莊重高雅的身姿是許多藝術靈感的源泉。

①勞斯萊斯車頭標誌是手工純金打造的，僅
這個標誌就價值 25 萬元。

②如果觸碰了標誌，女神雕像就會縮進車頭。
當遇見強大的外力和牽引力時也會縮進去。

更多
冷知識

87. 布加迪威龍是世界上速度最快的量產車

布加迪 · 威航是金氏紀錄認證的最快的量產車，
它的極限速度達到 434 公里 / 小時，是音速的三分之一。

在極限速度狀態下，車子的輪胎只能堅持 15 分鐘，
不過倒不用擔心爆胎，因為這種情況下，燃油只能支撐 12 分鐘。

空氣吞吐

它的引擎每分鐘的空氣輸送量，是一個成年人兩天呼吸的量。

更多
冷知識

①藍寶堅尼公司最開始是生產農用拖拉機的，主營業務是製造曳引機、燃油器和空調系統。

②世界上第一位駕駛汽車的人是女性，時間是 1888 年 8 月 5 日的清晨。

88. 熱氣球的第一批乘客是幾隻小動物

第一批乘坐熱氣球升空的其實是一隻綿羊、一隻鴨子和一隻公雞，在這次實驗中，熱氣球把這三位乘客帶到了 450 公尺的高空中。

熱氣球降落後，掛籃中的動物都安全無恙。
只見綿羊若無其事地跳出籃框開始吃草，鴨子也健壯如故。

受傷的總是我咯

只有公雞不小心在著陸的時候壓傷了胸膛。

①在飛艇和飛機問世之前，熱氣球是人類用來進行高空飛行最方便的工具。　②熱氣球能升多高與其材質有關，目前熱氣球升空的最高紀錄是 21290 公尺。

更多冷知識

89. 氦氣飛艇主要用於環境監測

世界上第一艘具有動力設備的氦氣載人飛艇，
是由法國發明家亨利 · 吉法爾於 1851 年研製成功的。

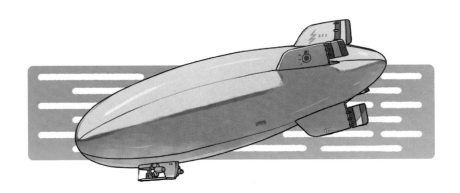

氦氣飛艇的用途非常多，主要用於環境監測，
在軍事上可以用於反潛偵察；航拍、空中指揮和防爆救災等。

新型氦氣飛艇

最初的飛艇裝的是氫氣，但氫氣容易著火，
後來飛艇都用高純氦氣來替代，氦氣不可燃，就安全多了。

更多
冷知識

①飛艇的飛行時間比飛機長得多，可以用天來計算。飛艇在惡劣的環境中也能飛行。

②1982 年，美國加利福尼亞州的居民沃爾特斯將 45 個充滿氦氣的氣球綁在椅子上，做了一個飛行器。

90. 史上第一架飛機只飛了 12 秒

1903 年 12 月 17 日，美國萊特兄弟製造了人類的第一架飛機，
"飛行者一號"。

這架飛機只飛行了 12 秒，飛行距離也只有 36.6 公尺，
但卻是人類在空中完成的第一次飛翔。

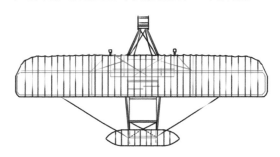

"飛行者一號" 設計草圖

"飛行者一號" 是一架雙翼飛機，長 6.43 公尺，裝備了一台 12 匹馬力的內燃機。
這台內燃機讓 "飛行者一號" 在不借助外界力量的情況下直接起飛，
並且能夠在空中控制方向。

①萊特兄弟發明了飛行控制系統，這項技術 ②歷史上第一架客機 DH-16 於 1919 年首航，
至今仍被應用在所有的飛機上。飛機的誕生 載客 4 人，從倫敦飛往巴黎。
的確改變了人類的生活。

更多 冷知識

91. 如果飛機被雷劈了

飛機"遭雷劈"的次數比你想像的要多得多！
據估計，一架商用客機每年至少會被雷電擊中一次。

不過現代飛機是能夠承受雷擊的！這是因為飛機機殼都是導體，
電流會流過機身或者機翼表面，可能會留下燒蝕或缺口，
對飛行沒有太大影響。

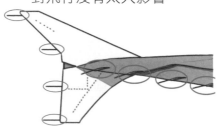

飛機在主翼或尾翼上
都裝有放電刷

更多
冷知識

①雷擊對飛機本身和乘客都不會有太大影響，但會對機上的電子系統產生影響，所以規避雷區很重要。

②航空公司在飛機起飛前會密切關注和航線相關的天氣狀況，如果出現突發情況，就會造成飛機誤點。

92. 帶寵物上飛機對寵物很危險

如果你想要透過飛機托運寵物，為了小動物的身體著想，一定要三思。

等待起飛時，螺旋槳的噪音會對小動物的聽力造成不可逆的損傷。
而飛行過程中也會發生很多意外。

機票

雖然部分航空公司允許乘客托運寵物，
但是作為主人也要為"毛小孩"們認真考慮。

①服務型或者工作型犬比如導盲犬，在申請　②扁平鼻子的貓狗，如鬥牛犬或者對高空環
過後可以帶上飛機，而其他寵物則必須托運。　境不適應的薩摩耶犬，都不能乘坐飛機或者
　　　　　　　　　　　　　　　　　　　　托運的。

93. 為什麼噴射機飛過天空
會留下一道白煙？

常常能看到飛機飛過之後，留下一道白色的痕跡。
這就是人們常說的 "飛機雲"，氣象學家稱之為 "尾跡雲"。

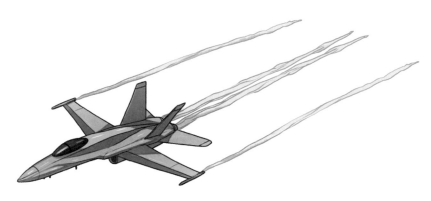

這種痕跡並不是飛機噴出來的哦，是由於高空溫度低，飛機排出來的廢氣
與周圍空氣混合後凝結而成的水汽，形成的一種特殊雲系。

飛機在 7~11 公里的高度飛行時，才可能會發生這種現象。

更多
冷知識　①正副駕駛兩位飛行員吃的東西是不一樣的，這是因為要防止中毒事件和突發不適等。

94. 直升機為什麼可以在空中停留？

和飛機一樣，直升機也要透過足夠的升力來支撐重量，
不過直升機的升力是由它頭頂的旋翼不斷旋轉產生的。

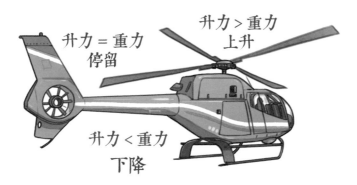

當直升機在半空中停留的時候，旋翼仍在不停旋轉，
旋翼所產生的升力大小等於直升機受到的重力，
方向則與重力相反，才能使直升機懸停在空中。

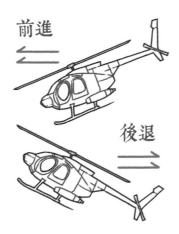

而直升機的前進和後退，則是透過機頂螺旋槳的垂直角度來控制的。

95 . 戰鬥機前端安裝的是避雷針嗎？

每架戰鬥機前端，都有一個針狀物，
遠遠望去和高樓大廈頂端安裝的避雷針幾乎一樣。

空速管

這根管子叫空速管，主要是用來測量飛機飛行速度以及空中氣壓資料。
如果少了它，就不知道飛機在空中的飛行速度了。

而且遇到了雷雨天氣，戰鬥機也是要緊急降落的。

更多
冷知識

①目前，先進的戰鬥機啟動幾乎都不要鑰匙 或者別的裝置，只需要通電，戰鬥機就可以 啟動起飛。

②美國空軍曾有研究指出，粉紅色迷彩塗裝 是高空中最佳的偽裝塗色，其次是灰色。

96. 載人太空飛行器是怎麼返回地球的？

一般載人的太空飛行器可以分為推進艙、軌道艙和返回艙三部分，
太空飛行器借助運載火箭的發射進入太空。
而返回地球的只有返回艙。

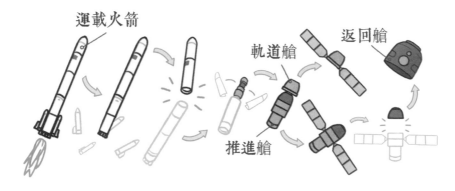

運載火箭

軌道艙

返回艙

推進艙

太空飛行器靠返回艙的發動機提供反推力，讓返回艙離開軌道艙，由地球引力
使其加速朝地球表面降落，到指定區域時打開減速傘減速，最終安全降落。

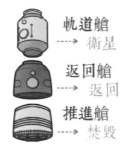

軌道艙
----→ 衛星

返回艙
----→ 返回

推進艙
----→ 焚毀

只有返回艙會返回地球，軌道艙則會成為一顆對地觀測的行星或太空實驗室，
它將繼續留在軌道上工作一段時間。

97. 一套太空衣造價多少錢？

太空人的太空衣都是用特殊材料製成的，
一共需要 1000 多道工序，可說是相當複雜。

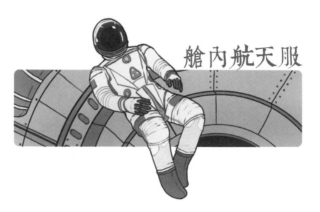

太空衣通常分艙內太空衣和艙外太空衣。
一套艙內太空衣造價大約要 90 萬台幣。

在艙外使用的太空衣還必須裝備完整的生命維持系統，
所以造價超過台幣 8 億。

更多
冷知識

①艙內太空衣重量大約為 **20** 公斤，而艙外太
空衣重量達到了 **120** 公斤。

②在太空中，失重會讓人體脊柱產生拉伸，
太空人的身高會增加，但回到地球後會慢慢
恢復。

98. 可以載人往返於地球軌道和地面間的太空梭

太空梭由軌道飛行器、外掛燃料箱和火箭助推器三部分組成。

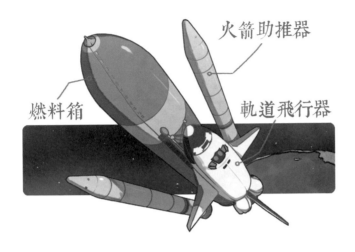

火箭助推器

燃料箱

軌道飛行器

太空梭是有人駕駛、可重複使用的運載工具，它既能像運載火箭那樣垂直起飛，又能像飛機一樣在返回大氣層後在機場著陸。

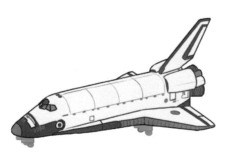

只有軌道飛行器
能返回降落

太空梭是人類進出太空的工具，是航太史上一個重要的里程碑。

99. 唯一一顆火星探測器宣布退役

根據報導，美國在火星表面服役 15 年的機會號火星探測器，
在 2019 年 2 月 13 日宣佈報廢。

再見了，我的
使命完成了。

機會號為人類貢獻了許多新的發現，其中最重要的是：
有證據顯示當生命出現在地球上時，火星可能比現在更潮濕和溫暖，
而這些條件有可能成為火星生命的搖籃。

中國於 2020 年發射的
火星探測器

2020 年，有四個新的火星探測器升空，代替機會號繼續探索這個星球。

更多
冷知識　①機會號火星探測器原本只計畫工作 90 個火　②人類探測火星的行為進行過 45 次，成功的
　　　　星日，沒想到最後服役了 15 年。　　　　　只有 18 次。

100. 什麼樣的飛行器最適合在宇宙航行？

假如人類要在宇宙中進行星際間的旅行，就必須要有合適的飛行器，
那麼什麼樣的飛行器最適合在宇宙中航行呢？

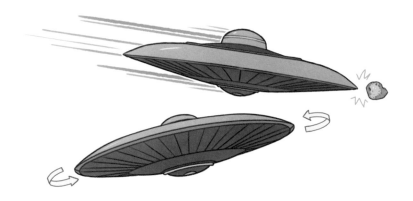

第一時間想到的是碟形飛行器吧？飛碟狀的確能夠有效減少小行星的撞擊
面積，還可以透過船體的中心不斷旋轉，以離心力模擬重力效果。

**圓形飛行器能吸收
全方位的能源**

如果要長時間在宇宙中航行，球形飛行器或許是更好的選擇。
球形飛行器體積很大，能攜帶更多資源，也能有很好的同步傳導推進力，
不容易解體，球形船體的表面可以全方位吸收到能源，更適合長時間飛行。

①大氣層內飛得最快的人造物體是高超音速
飛行器，美國 X-43A 飛行器創下了 8.4 倍音
速的速度記錄。

②科學家估計，登陸火星或許可以在 2050—
2100 年實現，如果是想移民火星，估計在
200 年內都無法實現。

冷知識
小劇場

飛行員的自拍

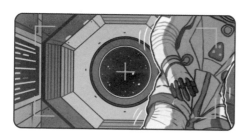

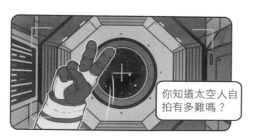

你知道太空人自拍有多難嗎？

選拔太空人的要求與選拔飛行員相近，在文化程度和團隊協作上要求更高。

宇宙中的交流

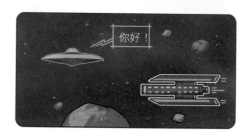

你好！

游泳健身了解一下？

???

我們到底什麼時候才能真的和外星人聯繫上呢？全世界三分之一的國家和不少民間機構都在研究不明飛行物，希望他們繼續加油！

科學
science
冷知識

101. 為什麼罐頭裡的食品不容易變質？

午餐肉、肉醬、茄汁鯖魚等都是美味的罐頭食物，
它們都可以存放很久，還不易變質。

這是因為罐頭是密封處理的，在製造罐頭食品的時候，
把罐頭裡的空氣全部抽出後再封口，細菌便無法進入。

貓飼料罐頭

在沒有空氣的情況下，即使裡面的食物還帶有少量的細菌也無法生存
和繁殖。所以，罐頭裡的食品不會滋生細菌，也不容易變質了。

更多
冷知識

①青椒、黃瓜和番茄應該儲存在室溫下，辣椒如果保存在冰箱裡會失去彈性，而黃瓜和番茄會變黏。 ②如果香蕉儲存在冰箱裡，外皮會很快變黑，但不影響果肉品質。

102. 辣味不是味覺而是痛覺

從味覺的生理角度分類，人只有五種基本味覺，分別是酸、甜、苦、鹹和鮮。
它們是透過食物作用於味覺細胞上的受體蛋白，
啟動味覺細胞以及相連的神經通路而產生的。

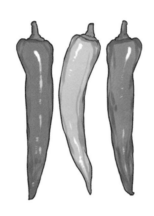

而辣味其實是一種痛覺，不是一種味道。

世界上最辣的辣椒
龍息辣椒

辣的感覺是透過辣椒素等元素，作用於舌頭中的痛覺纖維上的受體蛋白而
產生的，因此從神經科學的角度來說，對辣的感知更類似於痛覺。

①史高維爾指數是辣椒的辣度單位，用來表示各種辣椒的相對辣度。　②無辣味的西班牙甜辣椒是零史高維爾單位，朝天椒的辣度約有 7 萬個單位，海南黃燈籠則達到了 17 萬 ~18 萬個單位的辣度。龍息辣椒則高達 248 萬個單位。

更多
冷知識

103. 蘋果應該連皮吃嗎？

很多人都愛吃蘋果，有人說蘋果皮營養豐富削掉可惜，
有人說蘋果皮含有有害物質必須削掉。
到底怎麼吃蘋果才健康呢？

蘋果皮的主要營養在於含有鉀，雖然對於人體所需並不算多。

而同時蘋果皮上還含有細菌、農藥殘留和可以滲透果皮的 PM2.5 顆粒等有
害物質，光靠水是很難清除乾淨的。
所以關於要不要削蘋果皮，就看能不能把蘋果皮上的髒東西都洗乾淨了。

更多
冷知識

①在買蘋果的時候不用過於追求完美，蘋果
表面有麻點是很常見的，而且據說長得歪的
蘋果更甜。

②世界上所有蘋果都是"同宗同源"的，它
們的祖先都是新疆野蘋果和森林蘋果。

104. 做好水煮蛋的方法

水煮雞蛋看起來容易，做得好可沒那麼簡單。
想讓雞蛋殼更容易剝掉，可以在煮雞蛋的水里加一小勺小蘇打。

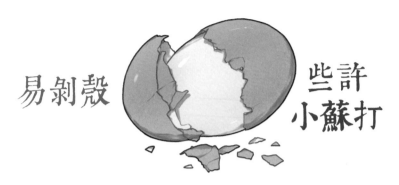

易剝殼　　　　些許
小蘇打

如果想做溏心蛋的話，可以按照這個方法：
1. 鍋中加水燒開，放入冷藏過的雞蛋，煮 4~6 分鐘；
2. 撈出雞蛋，放入冰水中浸泡 3 分鐘。

煮
4~6
分鐘

放入
冰水
3 分鐘

完成

①新鮮雞蛋的蛋白粘稠濃厚，緊緊圍繞著蛋黃，不新鮮的雞蛋蛋黃扁平且容易散開，蛋白薄呈水狀。

②蛋殼是很好的肥料，剝掉的蛋殼可以扔在盆栽裡堆肥，可別浪費了。

更多
冷知識

105. 雪糕為什麼會冒白煙？

無論是夏天還是冬天，從冰箱裡拿出雪糕的時候，
總會看見雪糕在冒白煙。

這叫做液化現象，因為外界空氣中有不少眼睛看不見的水汽，
空氣中的氣體遇到低溫的雪糕會溫度下降，然後發生液化。

雪糕冒的 "氣" 是液體

雪糕冒出的白煙不是氣體，而是液體，是一些非常小的小水珠。

更多
冷知識

①就目前的資料顯示，世界上第一個霜淇淋配方來自 Anne Fanshawe 夫人 1665 年的手寫食譜。

②專業的霜淇淋鑑賞師使用特製的金勺子進行品嘗，這樣能保證嘗到霜淇淋的原汁原味。

106. 可以燃燒的冰塊

當人們想到能源的時候，腦海裡浮現的通常是燃燒的火焰而不是冰塊吧！
但是未來清潔能源的很大一部分就藏在海底，
以冰冷的可燃晶體的形式存在著，
它們就是俗稱"可燃冰"的天然氣水合物。

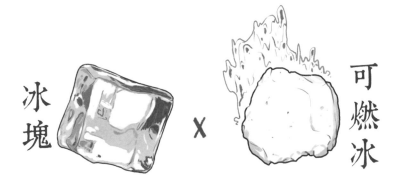

別看它名字有個"冰"字，其實並不是冰，
只是因為外表的晶狀體和常見的冰塊十分相像，又可以燃燒，
所以被稱為"可燃冰"。

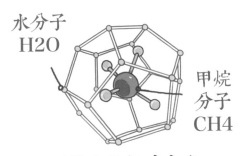

水分子 H2O

甲烷
分子
CH4

可燃冰的組成方式

可燃冰的組成方式就好像甲烷分子被多個水分子"囚禁"了一樣，
形成了一種籠子形狀的結構，其中甲烷占了 80% 以上。

①可燃冰廣泛存在於大陸永久凍土、島嶼的斜坡地帶、活動和被動大陸邊緣的隆起處等世界各地。

②可燃冰燃燒所能產生的熱量，比煤炭、石油，甚至天然氣的還要大好幾倍。

107. 火苗向上是因為重力影響

燃燒的火苗向上，是大家都習以為常的事情，但是為什麼呢？

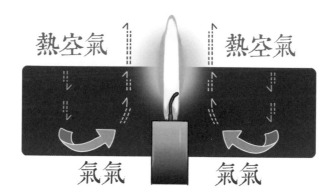

地球表面的火焰向上飄是空氣對流造成的，
火焰加熱上部空氣，空氣變熱上升，
周圍的冷空氣相對下沉並被加熱後持續上升，從而形成迴圈。

在太空中的
藍色球形火焰

在沒有空氣對流的環境中，火焰形狀大有不同。
在失重條件下燃燒，火焰就會趨向於圓球狀。

更多
冷知識

①燃燒和生鏽都屬於氧化反應，區別在於燃燒是強烈的氧化反應，而生鏽屬於緩慢的氧化反應。

②當火焰溫度是 3000℃時，火焰是橙色的，當火焰溫度是 5000~6000℃時，火焰是藍色的。

108. 巨大的肥皂泡是怎麼吹出來的？

平時偶爾會看見巨大肥皂泡泡的表演，
這些巨大的肥皂泡泡是怎麼吹出來的呢？

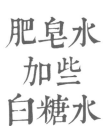
肥皂水
加些
白糖水

最關鍵的就是肥皂水的製作方法，只要在肥皂水裡加些許白糖水，
就可以輕鬆吹出巨大的肥皂泡泡啦！

加點醋

如果想吹出很多細小的泡泡，可以試著加點醋。

①科學家經過測量，當液態的肥皂泡猛烈地收縮爆掉時，內部溫度可達 20000℃，幾乎是太陽表面的溫度了。

②肥皂泡本身是無色的，就像一張透明的玻璃紙一樣，當陽光射到肥皂沫上時產生反射，就變成了七彩的肥皂泡了。

109. 如何冰凍肥皂泡？

如果把肥皂泡冰凍起來，會發生什麼事呢？
現在就來製作一個美麗的冰凍肥皂泡吧！

第一步：提前把冰箱冷凍室的溫度調到最低；

第二步：吹出一個肥皂泡，慢慢放到盤子上；

第三步：把肥皂泡放進冰箱冷凍 20 分鐘。

像水晶球似的
冰凍肥皂泡

在肥皂泡破裂之前迅速冷凍，看起來就會像水晶球一樣哦！

更多冷知識

①在冰凍的肉的表面塗上一些食用鹽，然後用冷水來浸泡，大概十分鐘就可以快速解凍了。

②冰箱冷藏室的溫度大多數是 4℃，這是因為大部分的食品中會危害健康的細菌，它們所需生長溫度都在 4.4℃ 以上。

110. 石英鐘停下來時，秒針總是停在 "9"

掛在牆壁上的石英鐘，當電池的電力耗盡停止走動的時候，
秒針往往會停在刻度盤的 "9" 上。

"9"
的位置

力矩
阻礙
作用大

這是由於秒針在這個位置受到的力矩的阻礙作用最大，
秒針要克服重力繼續前行就會變得更加困難。

這樣是很累的哦

所以當電量不足的時候，秒針就停在那裡啦。

①石英鐘會變得不準，主要是因為時鐘使用時間久了，摩擦變大了。 | ②高級手錶中用到的藍寶石水晶鏡面其實並不是藍寶石製成的，而是一種人工合成的藍寶石玻璃。

更多
冷知識

111. 理論上永遠裝不滿水的克萊因瓶

克萊因瓶不是真的瓶子，它是我們能想像的四維空間物質的典型代表，
並不存在於現實空間中。

克萊因瓶
假想模型

在數學領域裡，克萊因瓶是指一種無定向性的平面，
在拓撲學中，克萊因瓶是一個不可定向的拓撲空間。

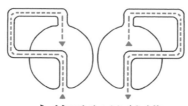

克萊因瓶的結構

克萊因瓶的結構就是：一個瓶子底部有一個洞，延長瓶子的頸部，
並且扭曲地進入瓶子內部，然後和底部的洞相連接。

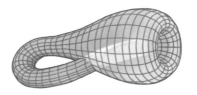

和我們平時用來喝水的杯子不一樣，這個物體沒有"邊"，
它的表面不會終結，沒有內外之分，所以理論上它永遠裝不滿。

更多
冷知識

①我們早已知道，低維度生物無法想像高維
度世界，克萊因瓶可能是我們唯一能想像的
四維物體。

②莫比烏斯環是人類另一個關於維度想像的
作品。

112.失眠的時候不要再數綿羊了

睡不著的時候數綿羊，是很多人都聽過的方法。
不過，有心理學家研究表明，數綿羊的催眠效果並不一定好。

因為數羊的時候注意力在數數上，精神得不到完全的放鬆，而且數的過程
中會產生期待的心理，與輕鬆自然的狀態剛好相反，反而不利於入睡。

綿羊也很累的

與其數羊，不如深呼吸、收縮再放鬆四肢，或者是讓腦袋放空、轉動眼睛，
都可以幫助身體進入睡眠狀態。

①失眠的時候可以嘗試不斷地慢動作眨眼，相信不到幾分鐘就會感受到睏意哦！　②褪黑素是大腦松果體分泌的一種激素，它在調節人體晝夜以及睡眠和覺醒節律方面發揮著重要的作用，幫助我們區分白天和黑夜。

113. 什麼顏色的被子最容易讓人入睡？

色彩的本質是光波，而光波也具有能量，
不同色彩的光被人體接收後，還會刺激腦垂體從而產生激素。
這些激素就會對人體的感受和生理狀態有所作用。

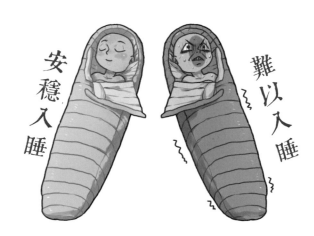

床單和被子的顏色如果是淺色系的話，更容易讓人入睡，
淺藍色、淺綠色和綠色等大自然色系會令睡眠更安穩。
而大紅色、橙色和黃色等色系，可能會讓腦皮層保持活躍，更難以入睡哦。

粉紅色被子
也很催眠呢

如果想在床上更容易入睡，還想要睡得好的話，
記得選擇淺色的被子和床單哦！

更多
冷知識

①夏天穿白色的衣服並不是最好的，紅色可以吸收日光中的紫外線，所以穿紅色衣服更能保護皮膚不受傷害。

②在 1940 年代，粉紅色被認為是一種更適合男孩穿著的顏色，而藍色更適合女孩。

114. 夢遊的人是在做夢嗎？

夢遊是一種睡眠障礙現象，又被稱為 "睡行症"，
那夢遊的人是在做夢嗎？

夢遊與做夢是兩種差異很大的現象，雖然兩者有共同點：
入睡後大腦皮層沒有完全進入抑制狀態。
但夢遊時大腦處於睡眠第 3、4 階段，和做夢時所處階段不同。

夢遊者就算在中途被叫醒了，也想不起自己做了什麼，
只會感覺迷惑和茫然。

115. 為什麼我們會起雞皮疙瘩？

我們的皮膚表面長著汗毛，而每個毛孔下都有一條豎毛肌，
當受到神經刺激後，身體的溫度會下降，
豎毛肌便會收縮令毛髮豎立起來，形成雞皮疙瘩。

生氣　　　炸毛

科學家認為起雞皮疙瘩是人類進化過程中保留的應激反應。
在遠古時期，人類祖先體毛茂盛，
在遇到危險時，起雞皮疙瘩能讓身體體積變大，可以震懾敵人。

豎起毛髮可以保暖

同時起雞皮疙瘩時豎起的毛髮和收縮的毛孔，能讓保溫層厚度增加，
空氣填充在毛髮之間可以發揮保暖的作用。

更多
冷知識

①根據 1996 年的一項研究顯示，身體上毛髮越多的人越聰明，研究人員發現大多數門薩會員毛髮比平常人多。

②膚色越深的人反而越容易被曬黑，按膚色人種來看的話，最快被曬黑的當然就是黑人了。

116. 鑽石不是世界上最硬的物質

從 2009 年起，鑽石就不是世界上最硬的物質了。
出現這個變化當然不是鑽石發生了變化，而是有新物質被發現了。

天然鑽石

纖鋅礦型氮化硼和藍絲黛爾石是兩種硬度超越鑽石的物質。
這兩種物質的莫氏硬度分別比鑽石高 18% 和 58%。

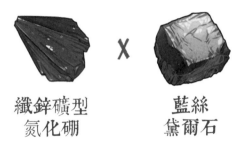

纖鋅礦型　　　　　藍絲
氮化硼　　　　　黛爾石

目前，碳炔是世界上公認最堅硬的物質，其硬度是鑽石的 40 倍。

碳炔

不過碳炔還不是現實世界中的產物，它還停留在電腦類比結果中。

①鑽石也就是金剛石，在自然界的天然礦石
中，它還是最硬的！

②藍絲黛爾石又因為晶體結構和特性被稱為
六方金剛石，它是因含有石墨的隕石撞擊地
球時產生的巨大壓力而變成的隕石鑽石。

更多
冷知識

117. 用微波爐加熱石頭會爆炸嗎？

答案是：會的。

如果把浸泡過的石頭放入微波爐中加熱，石頭中的水分會因加熱變成水蒸氣，體積開始膨脹，直到從裡向外的壓力大到將石頭炸開。

乾燥的石頭

濕潤的石頭

不過，乾燥的石頭相對會安全一些，
但這也不是什麼好玩的實驗，可不要輕易嘗試！

更多冷知識

①金屬類的器皿不能放進微波爐裡使用，金屬會反射微波而不是接收，這樣會使金屬器皿產生火花。

②漆器的表面是由不同色漆塗制而成，表面的漆遇熱會脫落、融化，還會產生有害物質，所以不適合作為加熱容器。

118. 爲什麼樹葉會變顏色？

樹葉變色的原因與其蘊含的化學物質——葉綠素有關。

當秋天來臨時，白天的時間比夏天的短，而氣溫則更低，
樹葉會因此停止製造葉綠素，剩餘的養分則會輸送到樹幹和樹根中儲存。

樹葉中缺少了綠色的葉綠素，其他化學色素就會顯現出來。

**秋天的楓葉
會變紅**

所以到了秋天，很多樹葉就會變成黃色和褐色了。

①樹葉的正面比背面重，所以樹葉掉下來的
時候，大多數是背面朝上的。

②秋天的楓葉會變紅，是因為入秋後楓葉內
的花青素增多。

更多
冷知識

119. 爲什麼海水大多是藍色、綠色？

我們看見的大海通常是藍、綠色的，
而當你把海水捧在手上時卻又是透明無色的。

海水透明無色

我們所看見的藍、綠色是海水吸收了光之後反射出來的。
因為只有藍、綠和紫光能夠被散射和反射出來，
同時人類對紫色光不敏感，所以看到的海水多數是藍、綠色的。

在更深處的海底，綠光也會被吸收，海水看上去便是藍色了。

更多
冷知識

①不同的海域顏色還會受該區域的懸浮物質、海水的深度，甚至還有雲層等因素的影響。

②海水很鹹是因為河流在流經陸地的過程中會夾帶大量的含鹽礦物質，最後彙聚在一起時，海水就含有大量鹽分了。

120.菌類的細胞更接近動物

生物學家把已知的數百萬種生物分在
原生生物界、原核生物界、真菌界、植物界和動物界。

生物的分類

像蘑菇這樣的菌類是獨立的一個物種，
目前的分類是根據其營養、繁殖等特點將其劃入真菌界。

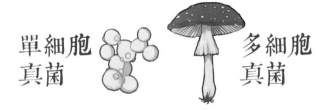

單細胞
真菌

多細胞
真菌

對於植物細胞來說，最重要的特徵是含有一個質體，也就是葉綠體。

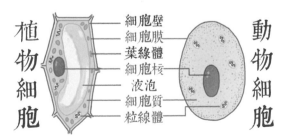

植物細胞

- 細胞壁
- 細胞膜
- 葉綠體
- 細胞核
- 液泡
- 細胞質
- 粒線體

動物細胞

而真菌細胞和動物細胞內都不含有葉綠體，
所以真菌細胞其實更接近於動物細胞。

①真菌的生長方式類似植物，營養攝取方式類似於動物。

②雖然屬於真菌，但是蘑菇類真菌在生態學上叫作腐生生物，一般生存在枯枝爛葉及有機質豐富的土壤中。

更多
冷知識

121. 許多物種的體型隨環境的改變而逐漸變小

從恐龍時代到現在，許多物種的體型都在逐漸變小。
主要是因為體型小的生物對環境的適應性更強。

隨著地球氣候環境的變遷，大型生物的確可以迅速霸佔新環境的生存資源，
但是相較於小型生物，大型生物對空間和食物的需求太大了，
不能長期適應環境，這是它們的致命缺陷。

老鼠繁殖力強
一胎生 6~20 隻幼鼠

從基因突變影響進化進程的角度來講，
小型生物透過進化適應環境的繁殖能力要強於大型生物，
大型生物更容易被大自然篩選淘汰。
所以，地表生物的體型越來越小的趨勢不會改變。

更多
冷知識

①有些海洋生物不適用這個趨勢，除非人類過度干預海洋生物的生存環境。

②全球氣溫暖化不只會影響自然界各種動植物的生活，對牠們的體型變化也有影響。

122. 紫色可能曾經是地球的主色調

科學家們透過研究發現，在地球的原始時期，其外表可能是紫色的。

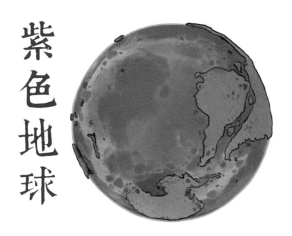

紫色地球

因為當時並沒有直接進行光合作用的葉綠素，
而在惡劣條件下接收了大量紫外線的微生物，反射的顏色便是紫色。

原始地球的
紫色植物

因此當時的森林和海洋可能都是一片紫色。
直到後來的植物進化出葉綠素，地球的主色調才變成藍色和綠色。

①地球歷史上氧氣含量最高的時期，很可能 是在石碳紀末期到二疊紀初期，此時空氣中 的氧氣含量達到了 35%。

②科學家們認為，只要找到一顆紫色的類地 行星，那麼這顆星球上有生命的可能性就 很高。

123. 地球平均每天變重 60 噸

因為有隕石、大氣灰塵和彗星星塵等物質墜落，
地球的總重量一直都在增加。

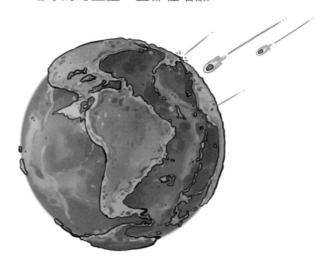

根據科學家的計算，
宇宙塵埃和其他顆粒每天落到地球上的重量從 40 噸到 110 噸不等，
平均來說，地球每天"增重"60 噸。

**為了全人類
還是要減重呢**

長遠來看，這並不是一件好事，有科學家指出，地球重量的持續加大，
會導致公轉軌道的變化，從而間接打亂地球原本的運轉規律。

**更多
冷知識** ①星體重量越大，空間彎曲就越大。任何星體的質量一直增加，會改變它所處的時空。 ②在太陽系裡，除了太陽之外，最重的星體是木星，第二是土星，第三是海王星，地球目前排在第六。

124. 宇宙真空中的 "冷焊" 現象

在地球上，如果想要將兩塊金屬融合在一起，只能用高溫熔化的方法。

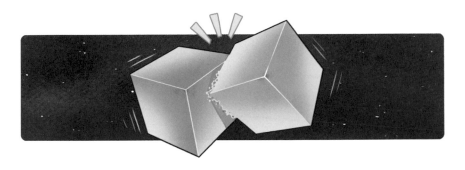

而在宇宙的真空環境中，如果兩塊同類型的金屬直接接觸，
它們會自己融合在一起，這種現象被稱為 "冷焊"。

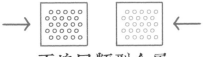

兩塊同類型金屬

兩塊金屬的原子融合

因為在真空中，物體之間沒有空氣的阻擋，
當兩塊同類型的金屬碰到一起的時候，
接觸面的原子就會開始擴散並融合在一起。

①冷焊是在超高真空下，發生於固體和固體表面的現象。對這種現象的研究成果也被應用在了焊接技術上。

②兩塊不同類型的金屬是不會發生冷焊現象的哦。

125. 宇宙聞起來如何？

很多事物都是有氣味的，那麼宇宙的氣味是怎麼樣的呢？

有科學家曾經說過，宇宙邊緣的地方聞起來應該像是汽車比賽時的味道，
混合了發熱金屬、柴油和燒烤的味道。

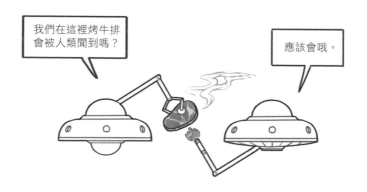

經常在國際空間站外執行任務的太空人們則說，
在太空服上殘留的味道，像是烤焦的煎炸牛排。

更多
冷知識

①如果我們用能看得見微波的望遠鏡去觀測
夜空，會發現夜空是很亮的，只是我們用肉
眼看不見。

②宇宙中是沒有聲音的，但是美國國家航空
暨太空總署曾用機器錄下外太空的電磁振
動，然後轉換成人類可以聽見的聲音。

冷知識小劇場

雞蛋殼的妙用

雞蛋殼要怎樣才能變成完美的盆栽肥料呢？

步驟 1

準備一顆煮熟的雞蛋。

步驟 2

剝開雞蛋，儘量保持蛋殼的完整度。

步驟 3

把蛋殼插入盆栽的泥土中。

這樣就可以啦！

開始期待盆栽的茁壯成長吧！

但是要注意，生雞蛋殼不適合做花肥哦！因為生雞蛋殼中的營養不易被植物吸收，而且也會對植物的根部造成影響。

魯伯特之淚

將熔化的玻璃自然滴入冰水中，

就會形成像蝌蚪一樣的魯伯特之淚。

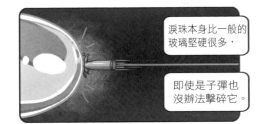

淚珠本身比一般的玻璃堅硬很多，

即使是子彈也沒辦法擊碎它。

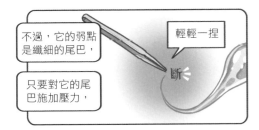

不過，它的弱點是纖細的尾巴，

只要對它的尾巴施加壓力，

輕輕一捏

斷

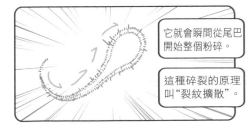

它就會瞬間從尾巴開始整個粉碎。

這種碎裂的原理叫"裂紋擴散"。

裂紋擴散，是指物體內部有不均衡的壓力，當外部遭到破壞時，這些壓力迅速釋放了出來，使得裂紋遍布全體，物體便支離破碎。

民俗
folkways
冷知識

魚拓

126. 東方龍的始祖──應龍

應龍是古代神話中一種有翼的龍，亦作祖龍，
是眾多中國龍形象當中唯一有翅膀的一種。

《山海經》和《史記》中有記載，以黃帝為首的部落
與以蚩尤為首的部落之間發生戰爭，交戰雙方都請來了各路神仙助陣，
而黃帝請來的便是擅長“蓄水”的應龍。

古代應龍紋

隨著時間的推移，關於有翼應龍的記載越來越少，
取而代之的是現在大家熟悉的龍。

①歷史上龍的形象中，爪子的數量略有變化。
宋朝之前的龍爪通常只有三隻，到了明清時
期，多為五爪龍。

②龍和鳳凰並不是對應的，鳳和凰才是相對
應的。雄性為鳳，雌性為凰。

127. 古宅門前爲何擺放兩座石獅子？

以前富貴人家的大宅子門前總會有兩尊石獅子，你知道其中的用意嗎？

其一是避邪納吉，其二是彰顯權貴，其三是能夠預卜洪災。

而石獅子的擺放也很有講究，一般要左雄右雌，成雙成對。
左側的雄獅腳踩繡球，代表腳踏寰宇；
右側的雌獅腳踩幼獅，代表子孫綿長、母儀天下。

更多 冷知識

①獅子原本只生存在非洲東部和南部，其他地區直到約兩萬年前才開始出現獅子。

②在古代，獅子和神話中的神獸狻猊有著驚人的相似度，於是獅子得到了人們喜愛，成為吉祥物中的一種。

128. 傳說中麒麟的原型是什麼動物

早在春秋戰國時期，在《春秋》《孟子》等典籍中就有關於麒麟的記載，
《漢書·武帝紀》注說：狼頭，一角，黃色，圓蹄。

關於麒麟的原型一直未有定論，有人根據 "麒麟" 二字認為和鹿有關，
有人則根據麒麟有角認為和河馬以及犀牛相關。而明朝鄭和下西洋，
從非洲帶回來的長頸鹿，就被當時的人們稱作麒麟。

時至今日，日語和韓語中長頸鹿的發音依然是 "麒麟"。

①長頸鹿和其他哺乳動物一樣，只有七塊頸骨，但它的脖子可以長達 2.4 公尺。　②長頸鹿的血壓是成年人類的 3 倍，它們需要有高血壓才能將血液從心臟輸送至全身。

更多 冷知識

129. 古代有一種叫做貘的食鐵神獸

在北宋的《爾雅注》中有記載，有一種叫貘的神獸，
它除了吃銅鐵還吃竹骨，又被稱為食鐵神獸。

據傳白居易因頭痛的病疾，請人在屏風上畫了一隻貘來避邪。
而後人發現，白居易的屏風上分明是隻大貓熊。
所以，食鐵神獸的原型極有可能就是大貓熊！

現代生物學家發現，當大貓熊的身體中缺少鐵元素的時候，
它們會到處找鐵來補充，曾有山民看見過大貓熊闖進家中抱著鐵鍋舔。

更多
冷知識

①大貓熊是雜食動物，這意味著它們的食物包括植物和肉類，只不過竹子是主要的食物。

②和大多數熊不同，大貓熊不需要冬眠，因為它們以竹子為主的飲食習慣，導致它們無法在冬天儲存足夠的脂肪。

130. 傳說有一種叫九節狼的猛獸

"九節狼" 聽起來就像是一種威武兇猛的野獸，
它其實是《山海經》中記載的一種妖獸。

九
節
狼

其實牠就是可愛的小貓熊。
可能因為小貓熊蓬鬆的長尾巴有著棕白相間的九節環紋，
才有了 "九節狼" 這個霸氣的稱呼。

呆萌的小貓熊

小貓熊已被國際自然保護聯盟歸為瀕危物種。
生活在海拔 3000 公尺以下的針闊葉混合林，
或是常綠闊葉林中有竹叢的地方。

①大貓熊和小貓熊的親緣關係並不近。大貓熊和黑熊等熊科動物關係接近，小貓熊則和北美浣熊熊科動物更接近。

②小貓熊善於攀爬，往往能爬到高而細的樹枝上休息或者躲避敵人。

更多
冷知識

131. 傳說中的半人半魚

傳說中有種半人半魚的生物，叫盧亭，
不過它並不是我們所說的美人魚。

盧亭

清朝初期的《廣東新語》中有記載，盧亭是一種半人半魚的生物，
長著像人類一樣的頭，和魚類的身體。曾經在廣東一帶被發現過。

盧亭喜歡吃魚

如今甚至還有人聲稱找到這種生物居住過的痕跡，不過都只是傳說罷了。

更多
冷知識

①美人魚的傳說來自於航海的水手們，他們
錯把在海上看到的若隱若現的海牛當成了美
人魚。

②河童也叫做水虎，是中國民間傳說中的鬼
怪，最早起源於中國黃河流域上游。

132. 麻將的花色爲什麼會有 "筒" "條" "萬" ？

麻將是一項歷史悠久的博弈遊戲，符號、玩法都和捕捉麻雀有關係。

牌面上的 "筒" 來源於火槍的橫切面，代表槍筒；
"條" 則是束，將捕捉到的麻雀用繩索串起來，幾條就代表幾束鳥。

"萬" 則是捕到麻雀後酬勞的單位。

①中國北方麻將每副 136 張，南方麻將則多八個 "花牌"，分別是 "春" "夏" "秋" "冬" 和 "梅" "蘭" "竹" "菊"，共計 144 張。

②在古代，麻將大多是以骨面竹背做成，可以說麻將牌實際上是一種紙牌與骨牌的結合體。

133. "太極圖"裏藏著什麼玄機？

太極圖是由兩個不同顏色的半圓形曲線組成的圖案，俗稱陰陽魚，
相傳由宋朝華山道人陳摶所繪。

陽儀　陰儀

太極圖上的黑代表陰，為陰儀；白代表陽，為陽儀。
黑白二部分像兩條魚彼此依託，相互纏繞，寓意陰陽既對立又統一。

太極陰陽魚

"陰陽魚"太極圖經明初趙撝謙簡化改造，定型於明末趙仲全。

更多
冷知識

①韓國國旗的太極和八卦起源於中國和韓國
歷史上的儒、道思想：和諧、對稱、平衡、
迴圈和穩定。

②時至今日，還有人認為太極圖起源於原始
時代，還有不少人認為這不是人類發明的，
而是來自外星文明。

134. 民間冷門藝術——魚拓

魚拓是一種將魚的形體用墨汁或顏料拓印到紙上的技法和藝術，
起源於宋朝。

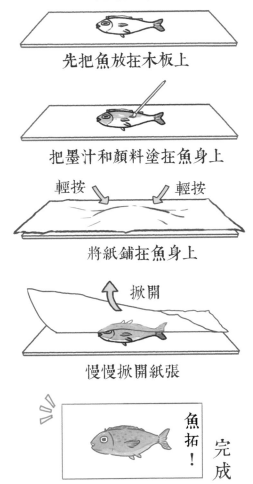

先把魚放在木板上

把墨汁和顏料塗在魚身上

輕按　輕按

將紙鋪在魚身上

掀開

慢慢掀開紙張

魚拓！　完成

魚拓最開始的用途是愛釣魚的人用來記錄自己所釣的魚的尺寸。
至今已逐漸發展成一門藝術了。

①剪紙藝術出現於北朝，至今已有 1500 年歷史。隋唐以後，剪紙藝術日趨繁盛。

②宋朝以前的人們一天只吃兩頓飯，早飯和晚飯，後來生活慢慢變好了，才漸漸變成一日三餐。

135. 及笄之年和荳蔻年華

及笄之年和荳蔻年華，都是指某個年齡的女子。

小女子今年15歲，

正處及笄之年。

及笄 之年

"及笄之年"出自《禮記·內則》，指的是剛滿 15 歲的適婚女子。

荳蔻花

而文人騷客口中的"荳蔻年華"，則指的是 13、14 歲的女子。

更多
冷知識

①古時兒童未成年時，不戴帽子，頭髮下垂，所以"垂髫"代稱幼童。

②古時男子 **20** 歲行冠禮，所以用"弱冠"代稱 **20** 歲，弱指年少，冠指成年人的帽子，此時會舉行大禮。

136. 小家碧玉和大家閨秀

我們都喜歡用 "小家碧玉" 和 "大家閨秀" 來形容美好的女子，
這兩個詞語原本是什麼意思呢？

小家碧玉，指的是小戶人家的美貌少女；
大家閨秀，舊指出身於豪門望族的女子，現在泛指富貴人家未出嫁的女子。

金枝玉葉

還有一個形容詞叫金枝玉葉，原來形容花木枝葉美好，
現在也比喻出身高貴或嬌嫩柔弱的女子。

①由於家庭教育的差異，言行舉止也會迥然不同，古時要求大家閨秀笑不露齒、知書達禮，舉止大方得體。　②而小家碧玉則少了許多無法變通的規矩，最大的特點便是 "秀而不媚，清而不寒"。

137. "五毒俱全" 中的 "五毒" 是哪五種？

形容一個人壞事做盡通常稱他 "五毒俱全"，那麼 "五毒" 是什麼呢？

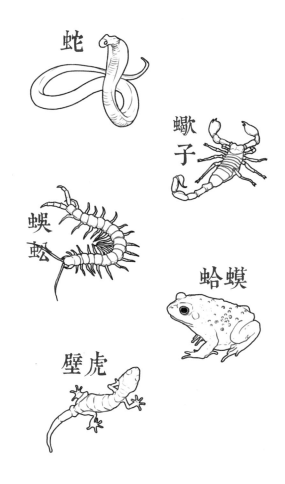

蛇

蠍子

蜈蚣

蛤蟆

壁虎

這五種生物是古人心目中毒性最強的動物。

更多
冷知識

①五毒通常與端午聯想在一起，因為端午時正值農曆五月，氣候溫熱，毒蟲開始出沒。

②壁虎其實毒性並不強，所以有人會把蜘蛛或者黃蜂也算到五毒裡面。

138. "五大三粗" 指的是什麼？

"五大三粗" 在現代的含義偏向貶義，指人粗魯、不講究。
但是一開始，這是個褒義詞。

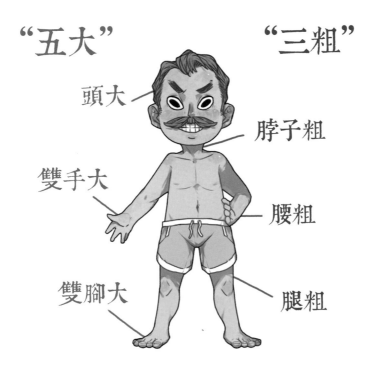

"五大"　　　　　　　　　"三粗"

頭大

脖子粗

雙手大

腰粗

雙腳大

腿粗

"五大" 指的是雙手、雙腳和頭都大，而 "三粗" 則是脖子粗、腰粗
和腿粗。這在古時候可是高大粗壯、身材魁梧的標誌！

①農耕時期的勞動人民更加喜歡肩膀寬闊的
男子，所以有 "膀大力不缺" 的說法。

②面相學中也有這樣的說法：額大江山穩，
耳大掌乾坤，鼻大財帛豐，眼大桃花盛！

139."三姑六婆"在古代是指女性的各種職業

"三姑六婆"現在也是一個偏向貶義的詞語，
常形容為談論家裡長短的市井女性。

阿彌陀佛，

貧尼是"三姑"
中的尼姑。

這個詞語出自明·陶宗儀《耕耘錄·三姑六婆》：
"三姑者，尼姑、道姑、卦姑也；
六婆者，牙婆、媒婆、師婆、虔婆、藥婆、穩婆也。"

卦姑占卜

尼姑和道姑都是和宗教相關的，
而卦姑指的是專門為人占卜算卦的女性。

更多
冷知識

①六婆中的牙婆是指以買賣人口為生的女性；
師婆又叫巫婆，指以裝神弄鬼、畫符念咒的
巫術作為生活來源的女性。

②虔婆指的是妓院的老鴇；藥婆是以幫人治
病為生的女性；穩婆是指以接生為業的女性。

40. 和尚爲什麼都剃光頭？

凡是出家當和尚的人，都要剃光頭髮，在佛教中這叫剃度。

阿彌陀佛，

剃光頭髮，斬斷三千煩惱絲。

和尚剃髮有幾重含義：
一是佛教認爲頭髮代表著人間的無數慾望和煩惱，
剃掉了頭髮就等於去除了這些東西；
二是剃掉頭髮就是去掉了人的驕傲怠慢之心，才可以一心一意修行；
三是以此作爲佛門弟子的特徵，用來區別其他教派的教徒。

印度佛教教徒

①過去的和尚居住的地方只有一丈見方，所以人們就把寺廟裡的和尚稱爲方丈。

②現在的和尚大多已不靠化緣爲生，不過東南亞國家信奉小乘佛教的僧人中還是有不少化緣的和尚。

更多
冷知識

141. 民間傳說中的 "五仙" 你都知道嗎？

民間傳說中的 "五仙"，也被稱為 "狐、黃、白、柳、灰"，
分別對應狐狸、黃鼠狼、刺蝟、蛇和老鼠五種不同的動物。

狐狸

黃鼠狼

刺蝟

蛇

老鼠

古時候的人迷信，五仙對應的五種動物常會和人類接觸，
於是人們便相信若是傷害了這些動物，便會遭到五仙的報復。

更多
冷知識

①道教中的五仙和民間傳說的不同，指的是
鬼仙、人仙、地仙、天仙和神仙。

②老鼠是四害為何會被列為五仙？這源於古
時候的老鼠曾經被稱為守倉神。

142. "爛醉如泥"的"泥"是指泥土嗎?

我們常用"爛醉如泥"來形容一個人喝得酩酊大醉的樣子,
很多人會以為這其中的"泥"指的就是泥巴,
醉得如同一灘爛泥一樣扶不起來,其實不然。

南宋吳曾的筆記《能改齋漫錄》中記載道:南海有蟲,無骨,名曰泥。
在水中則活,失水則醉。

離開水便
化做泥

這種蟲子柔軟無骨,在水裡可以活得好好的,一離開水就會化作一堆泥。

①傳說中有一種寄生在人體內的蟲子,叫酒蟲。據說體內有酒蟲的人,酒癮很大,但喝多少酒都不會醉。

②道教中有"三屍九蟲"的說法,其中的形象除去有些與現代醫學觀察到的寄生蟲相像以外,大多只是對人身上負面情緒的概括。

更多
冷知識

143. 民間傳說天上有動物輪流哄嬰兒睡覺

民間有個奇妙的傳說，天上有狗、雞和貓在輪流哄人間的寶寶睡覺。

狗狗值班的時候，寶寶就會哭鬧不止，睡不著。

輪到公雞值班的時候，寶寶會睡得很淺，很容易醒。

而貓咪值班的時候，寶寶才會睡得香甜。

更多
冷知識

①嬰兒唯一的溝通方式就是哭，但他們在表達餓、害怕或者生氣的時候，哭的方式和音調都有不同。

②嬰兒越累越難入睡，如果過於疲勞，體內會分泌對抗疲勞的化學物質，這個時候反而會表現得更加興奮。

144. 回為什麼古時候回覆姓氏時要說 "免貴"？

向別人詢問姓氏的時候我們通常會問 "貴姓"，
那為什麼回覆的時候會說 "免貴" 呢？

《通志‧氏族略》中如此寫道：貴者有氏，賤者有名無氏。
秦漢以來，姓氏才合二為一。
有姓氏者為貴，所以往往問 "貴姓" 為尊重。
而只有當別人問 "貴姓" 的時候，才可以回答 "免貴" 哦。

不過，如果你姓張或者姓孔的話，在古時候就不用回答 "免貴"，
因為有一種說法是玉皇大帝原叫張友人，而孔則是孔夫子的姓。

①百姓一開始指的不是平民百姓，而是諸侯，因為只有諸侯才有姓。

②上古八大姓指的是：姬、薑、姒、嬴、妘、媯、姚、姞。另一說為：姬、薑、姒、嬴、妘、媯、姚、妊。

更多
冷知識

145. 說大話為什麼叫吹牛？

從前宰羊的時候，屠夫會在羊的腿上割開一個小口，
把嘴湊上去使勁往裡吹氣，直到羊全身都膨脹起來。
這時候再用刀一劃，羊皮就會裂開，這個過程叫"吹羊"。

但是，如果誰要是說自己能把牛皮吹脹，那就是說大話了，
因為牛皮很大，而且非常堅韌，普通人根本吹不起來。

因此，"吹牛"就變成了說大話的代名詞啦！

更多
冷知識

①牛皮就是牛的表皮，因皮質細膩，牢固耐用，是常見的皮料。

②一般軟糖的主要成分是明膠，而食用明膠來源大多是將豬皮經除雜、消毒、蒸煮和脫水後製作而成。

146. 拍馬屁是怎麼來的？

"拍馬屁"在現在指的是趨炎附勢阿諛奉承的行為，
但這是一種源於古代遊牧民族的習俗。

元朝的蒙古人有個習慣，兩人牽馬相遇時，
要在對方馬屁股上拍一下，表示尊敬。

而另一種說法是，因為蒙古人愛馬，如果馬兒肥壯，兩股必然隆起。
所以見到駿馬，總喜歡拍著馬屁股稱讚一番。

①如果你和馬匹不熟悉，最好還是不要輕易拍它，不然馬可能會用後腳狠狠踢你哦！

②馬的壽命平均在 30 歲左右，有些矮馬可以活到 40 歲以上，有記錄最長壽的馬活到了 51 歲。

更多
冷知識

147. 爲什麼有錢的女婿叫金龜婿？

在唐初，官五品以上皆佩魚符、魚袋，這不僅是一種裝飾，
也是可以裝小東西的口袋，類似於現代的錢包。

魚符的材質各有不同，"親王以金，庶官以銅，皆題其位、姓名"，
裝魚符的魚袋也是 "三品以上飾以金，五品以上飾以銀"。
到了武則天天授元年（690 年），改內外官所佩魚符爲龜符，
魚袋爲龜袋，而能佩戴金龜袋的均是親王或者三品以上官員。

所以後來就以 "金龜婿" 指身份高貴的女婿了。

①古代官品最高爲一品，最低爲九品，所以
有 "九品芝麻官" 的俗稱，每品又分正從二級，
共分十八級。

②古代女性佩戴的則是香囊，又稱 "熏囊""香
袋"，用布帛製作，裡面放的是香料之類
的東西。

148. 爲什麼富家子弟叫紈綌子弟？

古代人上身穿的稱爲衣，下身穿的叫裳，裳其實就是大裙子。

執綌
子弟

富貴人家爲了保暖，會在小腿套上長筒襪，這種襪子叫 "綌"，
更有錢的人家會用細滑的絲織品做短襪子，叫做 "紈"。

綌

紈

所以，只有富貴人家的孩子才會穿著紈和綌，
於是紈綌子弟就成爲富貴人家孩子的代稱。

①古代的普通人也穿襪子，只不過襪子也有
講究，如果和長輩或者身份地位比自己高的
人在一起，就不能穿襪。

②我們現在穿的衛生褲源於歐洲，馬褲是衛
生褲的前身。

更多
冷知識

157

149. 在古代粽子是夏至的標配

端午節吃粽子是人人都知的習俗，
但是在古代，粽子還是夏至的標配哦！

《荊楚歲時記》是南朝梁時期，宗懍撰寫的一部記錄當時荊楚地區歲時
習俗的著作，其中提到 "夏至節日食粽"。
可見，在荊楚地區，端午划龍舟是紀念屈原，而食粽則是夏至的習俗。

南方粽子　Vs　北方粽子

後來，粽子成了人們紀念屈原的祭祀食品，才變成端午節的主角，
而全國各地也出現了各種不同口味的粽子。

更多
冷知識

①粔，音同 "和"，指的是米麥的碎屑和籽粒，多用於代替粗食。粽子是粔的一種，又稱為粽粔。　②粽子文化在整個亞洲都廣為流行，日本人在陽曆 5 月 5 日吃粽子，而越南人會製作方形和圓形兩種粽子寓意天地合一。

150. 消失的傳國玉璽

傳國玉璽是封建社會裡最為重要的東西，堪稱"國之重寶"。
傳説中的這塊玉璽是秦朝丞相李斯奉秦始皇之命，用和氏璧篆刻而成。

秦朝之後，這塊玉璽依然是歷代帝王的憑證。
在兩漢、魏晉南北朝、隋唐和宋這一千多年時間裡面，
一直都是古代最高權力的象徵。

底部刻有
"受命於天 既壽永昌"

但在後唐末帝李從珂死後，傳國玉璽一度失蹤。
所以宋哲宗時期重新發現的傳國玉璽的真實性一直未有定論。

更多
冷知識

151. 傳統的風箏一般分爲三類

風箏最早可以追溯到春秋戰國時期。
相傳最早的風箏是墨翟以木頭製成木鳥，研製三年造成。
後來魯班用竹子改進了風箏的材質，逐漸演變成現代的風箏。

傳統風箏一般分為以下三大類：

軟翅風箏：主體骨架多數做成浮雕式，
翅膀的後半部分是軟的，沒有竹條可依附。

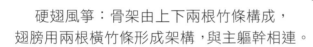

硬翅風箏：骨架由上下兩根竹條構成，
翅膀用兩根橫竹條形成架構，與主軀幹相連。

板子風箏：即平面型風箏，升力片是主體，
風箏四周有竹條支撐，是兒童最喜愛的一種。

更多
冷知識

①風箏的結構除了主要的三種以外，還有串連風箏（如：龍形風箏）、立體風箏（採用折疊結構的骨架，由一個或多個圓柱體或長方體構成，如：宮燈）、特技風箏。等等。

②在一些風箏活動中，除了各種造型風箏，還能看到風箏的新面貌，例如在晚上施放的夜光龍形風箏，或融入科技的表演，非常精采。

152. 筷子有什麼不同？

筷子是東亞地區普遍使用的餐具，
其造型設計十分適合當地的飲食習慣，
但常用的筷子還是略有不同。

傳統筷子

既長也厚
頭圓尾方

傳統的筷子長而直，製造材料多樣化，頭圓尾方，末端是鈍的。

日本筷子

木製
尖尖尾方

日本常用的筷子比較短，多是木製，從粗到細，末端是尖的。

韓國筷子

金屬製
扁而薄

韓國常用的筷子則是金屬製的，是又扁又薄的長方體。

①中國是筷子的發源地，相傳大禹是第一個
使用筷子的人，而在中國發現的最早的筷子
是河南安陽殷墟出土的銅筷子。

②今天非洲、中東、印尼及印度次大陸等地
區仍有人習慣用手指抓取食物，印度人只用
右手，因為左手是用來處理不潔之物的。

153. 性別符號是怎麼來的？

國際上通用的男女性別符號，用♂表示男性，♀表示女性。

♂是圓圈上加一個向上的箭頭，表示長矛與盾，
這個形象來源於古羅馬神話中的戰爭之神——瑪爾斯的武器。

♀是一個圓圈下加上十字符號，圓圈代表鏡面，下方的十字元表示手柄，
其形就像女性手中的小鏡子，形象來源於女神維納斯的鏡子。

更多
冷知識

①古羅馬神話中的戰爭之神瑪爾斯，他同時還是國土、農業和春天之神，對應到希臘神話中則為阿瑞斯。

②維納斯是羅馬神話中愛與美的女神，她的別名是穆耳忒亞，可能是拉丁語中的“山桃”之意。與希臘神話中阿芙羅狄忒相對應。

154. 聖誕老人原本穿綠色衣服

聖誕老人不是一開始就穿著紅色衣服的哦，
以前的聖誕老人穿的是綠色的衣服，用來提醒人們春天已經不遠了。

忘記帶
玩具了……

聖誕老人換裝成紅色，
是受了 1931 年可口可樂為耶誕節製作的廣告海報的影響。

聖誕海報裏的紅衣白鬍
聖誕老人形象

海報中的聖誕老人為一瓶可口可樂而駐足的形象大受歡迎，
因此成功塑造了紅衣白鬍子喜氣洋洋的聖誕老人形象。

①聖誕樹到底是什麼樹？只要符合常綠、樹形呈三角形這兩個條件的松柏類樹木都可以作為聖誕樹。

②除了聖誕老人會從煙囪進入房間送禮物，在義大利神話裡的一個女巫也會從煙囪進屋給孩子送禮物。

155. 古希臘的雕像爲什麼都是裸體？

在歐洲文化發展史上，古希臘羅馬時代是雕塑發展的第一個高峰期，
而裸體雕塑似乎是這一時期創作的主流，那是爲什麼呢？

古希臘人的雕塑多是裸體，與當時戰爭的頻繁和體育的盛行是分不開的。
根據資料記載，古希臘時期進行過體能訓練的人，
無論男女全部都要裸體參加競技比賽，以鑑別優劣。

另一派說法則是認爲，文藝復興時期的人們提倡人體美，
他們認爲人的身體是大自然最完美的創造，爲了展現人體美，
所以裸體雕塑流行了起來。

更多冷知識

① 《大衛》被認爲是西方美術史上足以代表一個時代雕塑藝術作品的最高境界。

② 中國已知最早的人像雕塑，是在河南密縣莪溝發現的一尊人頭像，可追溯到 7000 多年前。

冷知識
小劇場

食鐵神獸

在史料典籍中，

食鐵神獸長這個樣子。

東南亞有種叫"貘"的動物，

長這個樣子。

我才是傳說中的食鐵神獸！

我才是真的，你這個冒牌貨！

不好意思。

我才是。

舔 舔

無論是食鐵神獸還是食夢貘，亦或是白居易用來避邪的"不明生物"，都是沒有科學根據的傳說故事。不過說到吉祥物，國寶大熊貓是當之無愧的。

石獅子一家

獅子爸爸喜歡玩腳下的繡球。

給我聽話！

而獅子媽媽喜歡玩——

牠的孩子。

我和你之間，有什麼關係呢？

小獅子盯著繡球，

陷入了沉思。

……

北京獅一般是雄獅戲球雌獅撫子，獻錢獅則是雄獅叼錢雌獅撫子，而網球獅則是兩隻獅子都滾玩一顆大繡球，看來貓科動物喜歡球的秘密早就被人發現！

神秘
mystery
冷知識

156. 尼斯湖水怪的真相

關於尼斯湖水怪最著名的照片是一位外科醫生所拍的，
被稱為 "外科醫生的照片"。

"外科醫生的照片" 中的 "尼斯湖水怪"

照片由婦科醫生羅伯特·威爾遜拍攝，
刊登在 1934 年 4 月 21 日英國的《每日郵報》上，轟動了世界。
可惜在 60 年後，被證實是偽造的。

聲稱拍到尼斯湖水怪的照片眾多，但真實性難以考證，
甚至有人推斷那是一隻在湖裡洗澡的大象。

大象露出
水面的部分

洗澡的
大象

近二十年來，研究顯示尼斯湖水怪的真身可能是一種巨型海鰻。

①尼斯湖位於英國蘇格蘭高原北部，平均深度 200 多公尺，長約 37 公里。這裡終年不凍，非常適合生物生長。

②如果尼斯湖水怪真的存在，那牠一定不是哺乳類動物，因為它並不需要常常露出水面換氣。

更多
冷知識

157. 漁民間流傳的海妖真實存在嗎？

漁民的傳說中，有一種生活在海洋深處的巨大海妖會潛伏在海面下，
一旦船隻靠近，它就會伸出巨大的觸角將船隻拖入水中。

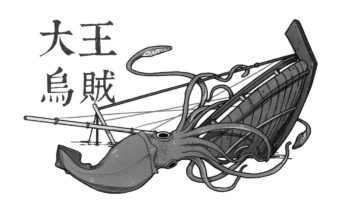

這種海妖的確真有原型，那就是大王烏賊！

大王烏賊和人類的
體型對比

幼年的大王烏賊體長可以達到 8~10 公尺，
成年大王烏賊則能長到 20 公尺長。

更多冷知識

①大王烏賊主要活動於北大西洋和北太平洋的深海地區，平時很少看見，所以才會被傳說成深海妖怪。

②大王烏賊還不是體型最大的無脊椎動物，比大王烏賊更大的是巨槍烏賊，又叫大王酸漿魷。

158. 巨石陣很可能是遠古時期的 "音箱"

關於巨石陣的用途，一直都有很多猜測。
保守派認為這是祭祀祖先的紀念碑，或者是天文觀測記錄的工具，
當然也有人認為和外星人有關。

而最近的一個研究方向比較接地氣，
有科學家認為巨石陣是一個巨型的音效系統，也就是音箱。

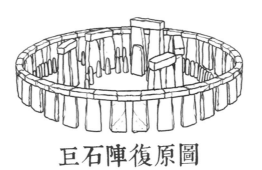

巨石陣復原圖

根據復原圖，巨石陣的陣型能產生人耳可輕易辨別的音效，
以此推測這可能是史前某種 "會議" 場地。

①巨石陣由巨大的石頭組成，每塊重約50噸，它的主軸線、通往石柱的古道和夏至初升的太陽，在同一條線上。 ②現代科學家曾努力想將一塊倒塌的巨石恢復原狀，但是未能成功。

159. 哥斯大黎加的巨型石球之謎

20 世紀 1930 年代末，一位美國人在哥斯大黎加人跡罕至的三角洲熱帶叢林，以及山谷和山坡上，發現了約 200 個像是人工雕琢的石球。

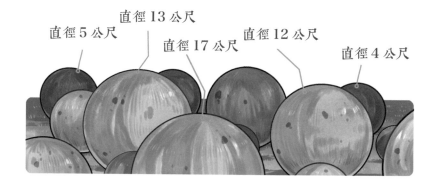

直徑 5 公尺　直徑 13 公尺　直徑 17 公尺　直徑 12 公尺　直徑 4 公尺

石球的大小不一，最大的直徑有幾十公尺，最小的和彈珠的大小相當。
而且這些石球製作工藝精湛，準確度接近於完美的球體。

巨型石球大小比例

在遠古時期，生活在這裡的印第安人沒有加工工具和精密的測量裝置，這些巨大的石球到底是怎麼製造出來的呢？

更多冷知識

①經檢測，這些石球都是由花崗岩製成的，但是在發現石球地點的周圍，卻並沒有大量的花崗岩存在。

②在波赫也有巨型石球的身影，不過不同於哥斯大黎加的石球，波赫的石球是人為製造的。

160. 大部分麥田圈都是人爲製造的

20 世紀 1980 年代初，英國人在漢普郡和韋斯特一帶屢屢發現怪圈，
這些巨大而精美的怪圈多數出現在麥田裡，又被稱作 "麥田圈"。
龐大的麥田圈只能從空中俯瞰才能欣賞其全貌。

目前，絕大部分麥田圈已經被確認是人工偽造的，
至於剩下的，研究者也並沒有發現有外星人的蛛絲馬跡。

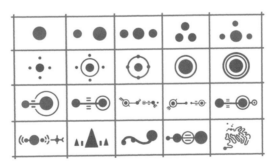

已發現的其中一部分
麥田圈

雖然麥田圈極具創意，也能引起人們對外星人造訪的幻想，
不過對麥田的破壞的確困擾著麥田主人呢。

①有兩個英國人聲稱他們在 20 世紀 1970 年代末，於麥田裡創造了第一個麥田怪圈。

②在 2000 年，馬修·威廉姆斯成為第一個因製作麥田圈導致農場主人造成損失而被捕的人。

161. "巨人畫的" 納斯卡線

納斯卡線分佈於南美洲秘魯南部的納斯卡荒原上，
最大的圖案超過 300 公尺長，要在高空中才能看清全貌。

目前最可信的猜測是，這些線條是納斯卡人繪製的供水系統圖，
而這些線條的下方，就是古人寶貴的水利系統。

其他納斯卡線

納斯卡線所描繪的圖案，不僅有幾何圖形，還有很多巨大的動物圖案，
怪異的是除了禿鷲和當地生態有關以外，
如猴子、蜘蛛和鯨魚這類和當地無關的圖案，也繪製得十分精細。

更多冷知識

①這一地區氣候乾旱而貧瘠，地理環境使得這些圖案得以保存兩千多年。

②這些線條在地面上看就是一條條坑道，坑道的平均寬度為 10~20 公分。

162. 傳說中的亞特蘭提斯文明
擁有神秘的能源系統

在神秘的亞特蘭提斯文明中，最引人注目的科學成就是其能源系統。

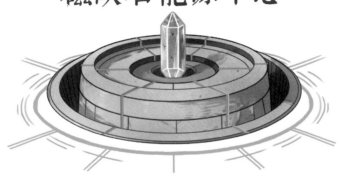

磁歐石能源中心

古希臘的哲學家柏拉圖曾記載過：亞特蘭提斯的首都波賽多尼亞是由
一塊巨大的磁歐石來提供能量的。磁歐石是一種六面圓柱體狀的
玻璃物質，它能吸收陽光並將其轉化為能源。

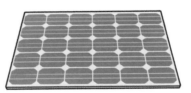

將太陽能轉化成電能
的太陽能面板

磁歐石並不是毫無根據的，科學家一直在用現代科技分析其科學依據，
並試圖研發相關的技術。

①除了柏拉圖的記載，在梵蒂岡保存的《梵蒂岡抄本》和存留至今的墨西哥印第安文明的作品中，也有對亞特蘭提斯的敘述。

②雖然對於該文明的真實性還有很多爭議，但是在海洋中陸續發現的古代人工建築似乎都在佐證亞特蘭提斯的存在。

更多
冷知識

163. 馬雅文明具有豐富的天文知識

　　與亞特蘭提斯文明未被證實不同，馬雅文明是真實存在過的。

　　馬雅文明是曾分佈於現今墨西哥、瓜地馬拉、宏都拉斯、薩爾瓦多、貝里斯等國家的叢林文明。從西元前 3000 年至西元前 2000 年間開始發展，約 4 世紀到 9 世紀是全盛時期，於約 16 世紀衰落。

　　考古學家認為，馬雅文明是極為光輝燦爛的文明，特別是在天文方面，古代馬雅人並沒有天文望遠鏡，卻能瞭解天體的精確運行週期。

　　其中，太陽年（即一般意義上的一年），在現代測量技術的基礎上測得為 365.2422 天，而馬雅人的測量值為 365.2420 天；現在測得的金星繞地球一圈週期是 583.92 日，而馬雅人的測量值是 584 天。

莫非是外星人告訴他們的？

更多冷知識

①因為馬雅曆法中對金星有著超乎尋常的研究，甚至有科學家懷疑馬雅人是來自金星的外星殖民者的後裔。

②馬雅人至少在西元前 4 世紀就掌握了 "0" 的數字概念，比中國人和歐洲人早了 800 年和 1000 年。

164. 金字塔的顏色原本是白的

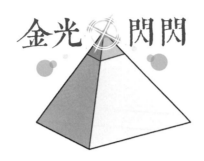

金字塔最早看起來應該是閃耀著白光的，因為外部的磚塊都經過了
打磨拋光，頂端還會裝飾上黃金或其他合金，這使得金字塔在陽光下
變得金光閃閃，甚至在幾公里之外也能被看見。

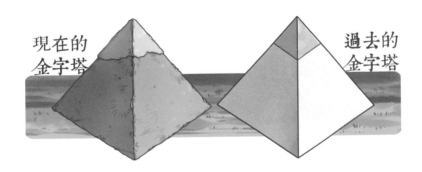

金字塔現在看起來是黃色的，是因為經過了長年累月的風化腐蝕，
外層石灰石脫落導致的。

①不僅在埃及，在美洲也有金字塔的蹤跡，
在現代建築中也有不少金字塔形狀的設計，
這種四棱錐似乎特別符合人類的普遍審美。

②古夫金字塔是現存最大的金字塔，原高
146.5公尺，在埃菲爾鐵塔建成之前，它一直
是世界上最高的建築。

165. 百慕達海底的金字塔是真的嗎？

1977年4月，有科學家聲稱在大西洋與加勒比海交界的百慕達三角區海底，發現了一座高達 200 公尺的海底金字塔。

經過詳細的測量，這座金字塔高 200 公尺，每邊長 300 公尺，建築時間比古埃及的古夫金字塔早了約有 7000 年。

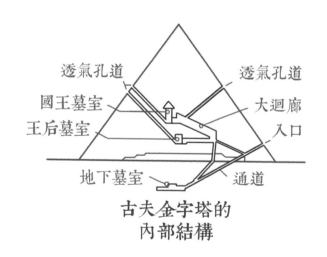

古夫金字塔的
內部結構

因為環境複雜，水下勘察無法確認其內部情況是否與古夫金字塔一致，也無法確定它和大西洋底的其他古建築是否是同一時代的產物。

更多
冷知識

①柬埔寨的科爾金字塔藏在叢林中，它不僅是柬埔寨最大的古廟，也是一座文化和建築紀念碑。

②蘇丹的金字塔數量其實是埃及的兩倍，只是蘇丹的金字塔普遍較小，不如埃及的大金字塔出名。

166.百慕達三角的真相或許跟天然氣有關

前面提到的百慕達三角之所以備受關注，
是因為這個區域經常發生船隻和飛機事故。

科學家提出了許多種猜想，目前可能性最大的是"可燃冰"。
科學家認為在這片海域深處有著非常豐富的天然氣儲備，
以可燃冰的形式存在著。如果海底發生了猛烈地震活動，
可燃冰晶體就會被翻出來並因為壓力減輕迅速汽化，大量的氣泡上升到
水面，使海水密度降低，失去原來所具有的浮力導致船隻沉沒。

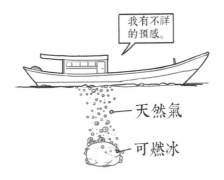

而如果此時有飛機經過，空氣中的甲烷遇到飛機高溫的發動機，
則會引發爆炸墜毀。

①亞利桑那州立大學的管理員拉里•庫舍在
整理統計之後，認為發生在百慕達的事故並
不比其他地區多，很多都是以訛傳訛。

②人類歷史上第一個發現並穿越百慕達三角
的人是著名的航海家哥倫布。

167. 水晶頭骨之謎的真相

1927 年在中美洲宏都拉斯的馬雅廢墟中,出土了一個水晶頭骨,這個頭骨高 12.7 公分,重 5.2 公斤,而且精雕細琢,結構精細。水晶是世界上硬度最高的材料之一,一千多年前的馬雅人又是怎麼製造出來的呢?

有人說這個水晶頭骨包含了地球的歷史和人類的未來等資訊。
可惜的是,科學家經過鑑定後,已經可以斷定這個頭骨是現代工藝打造的。

水晶的
莫氏硬度為 7

這個水晶頭骨是在製造完成之後,用馬雅人遺物作為噱頭賣給收藏家。

更多
冷知識

①這個水晶頭骨的原材料是來自巴西的無色水晶,在歐洲加工而成。

②在 20 世紀 1970 年代,惠普公司也曾反覆研究這個水晶頭骨,當時的結論是該頭骨經過 300 到 800 年打磨而成。

168. 被稱爲"世界第九大奇蹟"的三星堆文明

三星堆遺址位於四川省廣漢市西北,被稱為"世界第九大奇跡",
是 20 世紀人類最偉大的考古發現之一。

三星堆文明

三星堆遺址分佈面積達到了 12 平方公里,距今有 3000 到 5000 年左右的
歷史,範圍之大、延續時間之長震驚中外。
其中怪異的青銅面具、人臉雕像引發了三星堆文明的各種猜測。

三星堆出土的
青銅器之一

但可以肯定的是這些文物都是寶貴的人類文化遺產,
也是歷史中最富有觀賞性的文物群體之一。

更多
冷知識

169. 秦始皇陵的兵馬俑原本是彩色的

兵馬俑復原圖

很多人的印象裡，
兵馬俑就是一個灰土色的泥塑。
可是，兵馬俑原本可是五顏六色的！
每個兵馬俑都身著彩色的鎧甲，
色彩豐富，光鮮亮麗。

經過兩千年間地下水、
微生物等各種侵蝕，
使得許多兵馬俑身上的顏色脫落，
變成現在看到的灰土色。
而在最初挖掘期間曾有未受破壞的
彩色兵馬俑出土，
但接觸現代空氣之後顏色迅速脫落，
讓人遺憾。

更多
冷知識

①從被挖掘的兵馬俑坑的情況來看，兵馬俑曾經被毀壞過，在《漢書》中記載過項羽曾燒過秦始皇陵。

②秦始皇陵由丞相李斯主持規劃設計，大將章邯監工，修建時間長達 39 年。

170. 秦始皇陵出土的青銅劍為何千年不鏽？

秦始皇陵中出土的一批青銅劍，劍身光亮平滑，刀刃磨紋細膩，
在地下沉睡了兩千多年，依然光亮如新，鋒利無比。

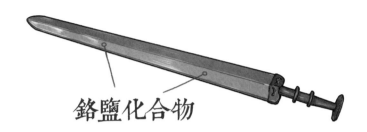

鉻鹽化合物

經檢測，劍身表面有一層 10 微米厚的鉻鹽化合物，
鉻是一種極耐腐蝕的稀有金屬，它便是青銅劍千年不鏽的主要原因。

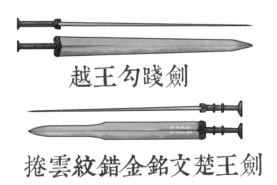

越王勾踐劍

捲雲紋錯金銘文楚王劍

越王勾踐劍和捲雲紋錯金銘文楚王劍都是著名的青銅造短兵器，
這兩把劍也是經過了高超的鍛造技術，千年不鏽。

①秦始皇陵中青銅劍使用的處理方法，比現代科技早了一千多年。德國在 1937 年、美國在 1950 年才先後發明並申請專利。

②青銅劍主要分為秦式銅劍、同心圓劍、花紋劍和複合劍。

更多 冷知識

171. 非洲的 "袖珍民族" 俾格米人

俾格米人這個名稱源於古希臘人對非洲中部矮人的稱呼，
而現在主要指的是仍生活在非洲中部的尼格利羅人，
他們的平均身高只有 1.4 公尺。

他們會在臉上畫上簡單的花紋，
身背自製的長弓短箭，出入於熱帶原始森林。

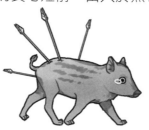

原始的
狩獵採集生活

俾格米人對現代世界並非一無所知，但絕大多數仍然選擇和祖先一樣
的生活方式，過著封閉的原始生活。

更多
冷知識

①俾格米人沒有自己的文字，也沒有數位和
時間的概念。

②俾格米人崇尚森林，男子狩獵女子採集，
依舊過著集體主義生活，按照父系血統，嚴
格實行一夫一妻制。

172. 不會說話的神秘民族

有一個神秘的民族叫克曼加人，被稱為是不會說話的民族。
他們分佈在南美洲的玻利維亞，屬於印第安族分支，人口僅有 4 萬多人。

科學家研究發現，他們聲帶的自然壓縮的部分不能發聲，
導致他們只能靠手勢交流。

克曼加人的
原始木屋

從現代人的角度看來，似乎覺得不能講話是一種極大的不便，
但是克曼加人早已習慣。

①在 18 世紀時，克曼加人的總數一度超過 100 萬，如今他們是全世界最瀕危的民族之一。　②長頸鹿在進化的過程中脖子越來越長，導致聲帶退化，所以它們幾乎不會發出聲音。

173. 新生兒眼睛的顏色長大才會確定

有些新生兒剛睜開眼睛的時候，他們的眼睛就像天空一樣藍。

這和光的折射原理有關。
眼睛的虹膜分為兩部分，前端的基質主要由色素細胞構成，
它能調節進入眼睛的光線顏色和過濾掉散射光。

當太陽光進入眼睛，眼睛會根據各種顏色的光波長度反射，
而藍色的光波是最短的，所以眼睛第一眼看起來就是藍色的。

**眼睛的顏色
由遺傳基因決定**

隨著嬰兒漸漸長大，眼睛的顏色才會慢慢確定。

**更多
冷知識**

①新生兒第一次的大便是綠色的。

②新生兒會有類似於膝蓋的軟骨，這處軟骨長到 6~7 個月即開始爬行的時候，就會發展成膝蓋。

174. 針灸可以治病的原因至今仍有爭議

雖然無法完全用現代醫學進行解釋，
但針灸是中醫治療疾病的常用方法。
針灸講究對準穴位下針，而穴位就是人體皮膚上的"點"。

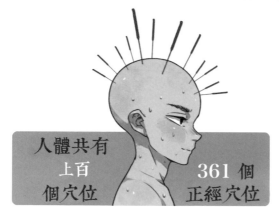

人體共有 上百 個穴位　361 個 正經穴位

我們身上有七百多個這種點，根據中醫理論：它們各司其職、互不相干。
在針刺進穴位之後，身體會有酸、麻、脹的感覺。

針灸對動物也
有效哦

穴位和經脈，與血管和神經不同，不能透過解剖對其位置進行精準定位。
因此中醫針灸的原理，至今仍無法完全解釋清楚。

①針灸是針法和灸法的總稱，是基於中華文化和傳統科學產生的寶貴遺產。

②據說，針灸能夠治療很多疾病，在日常美容方面，也常用於治療面部痤瘡（痘痘）和減肥。

更多 冷知識

175. 如何在夢裏控制夢的走向？

並非所有奇怪的現象都來自於未知力量哦！
有時候我們自己也能促成一些神奇的事情，比如清醒夢。

清醒夢是指做夢的人在夢中意識到自己在做夢的夢。
你只需要在睡夢中提醒自己："你正在做夢"，
當在夢中意識到自己在做夢，就可以開始控制夢的走向了。

在夢裏飛翔的貓

在清醒夢的狀態下，做夢的人可以在夢中擁有清醒時的思考和記憶能力，
甚至可以在夢中創造出各種超能力，唯一的限制是自己的想像力！

更多
冷知識

①頻繁做夢的話，可能是因為現實生活壓力過大，所以也有說法指出做夢是釋放壓力的形式。

②如果長期做夢，甚至噩夢連連影響正常生活，也有可能是身體變差的信號哦！

冷知識小劇場

尼斯湖水怪

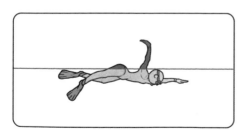

尼斯湖水怪的謎團真的持續太久了，甚至有遺傳學家說在樣本中檢測出多種動物的 DNA。那說不定會是一隻熱愛游泳的巨貓？

貓的夢境

做夢不是人類的專利，各種哺乳動物都會做夢，大多數鳥類會做短時間的夢，大部分爬行類動物就沒有這種"福利"了。

自然
nature
冷知識

176. 地球可能曾擁有一個名叫 "忒伊亞" 的姊妹行星

有科學家認為，地球曾經有一個
和火星差不多大小的姐妹行星——忒伊亞。

大約在 45 億年前，忒伊亞受引力影響，和地球發生了碰撞。
星體的大部分物質都落在了地球上，但還有一些較大的碎片飛向了太空
並在地球的引力作用下，開始圍繞地球運轉。

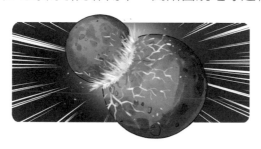

這些碎片逐漸凝聚並吸引了更多忒伊亞的碎片殘骸，
直到凝聚成一個炙熱的球體。
這顆球體冷卻下來後，就是我們熟知的月球了。

月球的形成

①據推測，忒伊亞直徑有 6500 公里，運轉速度是每小時 4 萬公里。 ②月球的 "身世之謎" 除了碰撞說，也有 "分裂說"，該假設為月球是由從地球分離出去的一部分物質構成。

更多
冷知識

177. 地球可能曾擁有不只一個衛星

現在，月球是地球唯一的天然衛星，但是隨著對太空世界更多的探索，
科學家提出了一個與常識相悖的假想：
遠古時期的地球可能有兩個或者更多的衛星。

假想圖

這些衛星很有可能發生過碰撞，這些運動大大影響了月球的形成，
也許就是月球兩面差別巨大的原因之一。

兩顆衛星相撞相融合

雖然假想得到了廣泛的認可，但目前還只是理論階段，
尚沒有確實的證據來論證它。

更多
冷知識

①地質學家指出，早期的地球處於一種"地獄"狀態，遠古地球遍佈熔岩，經過很長的時間才形成如今的地表環境。

②根據檢測，有 30%~50% 的地球水資源，形成年代比太陽系還要古老，它們可能來源於孕育太陽系的星際塵埃雲。

178. 恐龍時代的生態環境

在 2 億至 3 億年前的三疊紀時期，氣候十分乾旱惡劣，
地球上不存在冬季，而森林主要由高度發達的裸子植物組成。

三疊紀時期

在大約 1.8 億年前的侏羅紀時期，氣候溫暖濕潤而且雨量充沛，
當時地球上的氧氣含量很高，所有的植物和昆蟲都異常巨大，
恐龍這一物種此時正蓬勃發展。

侏羅紀時期

而在大約 1.35 億年前的白堊紀時期，氣候逐漸變得寒冷和乾燥，
食草類恐龍因缺少食物而逐漸消失，大型恐龍也緊接著滅絕。

白堊紀時期

恐龍時代的地球和現在最大的差別是溫度，
白堊紀時期全球平均溫度為攝氏 49 度。

更多
冷知識

①地質年代指的是地殼中的岩石和地層在自然形成過程中的時代順序，劃分有五代十二紀。

②地質學家將前寒武紀以後到現在的時期劃分為古生代、中生代和新生代三個單元，新生代是人類生活的時代。

179. 可以透過 DNA 復活恐龍嗎？

擁有 DNA 是不是就可以複製一個生物呢？
為了複製一個健康的生命體，必須擁有其基因組中所有的遺傳基因。
而在恐龍滅絕 6500 萬年後，任何被發現的恐龍 DNA 都是惰性的。

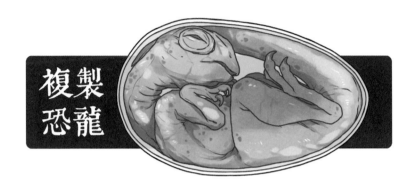

高等級生物的基因組可能蘊含數十億個鹼基對，
而從極為古老的 DNA 中可能提取出的鹼基對不到幾十個。

琥珀中也沒辦法
保留完整基因序列

就目前的技術而言，將恐龍帶回到現代社會的可能性趨近於零。

更多冷知識

①中國的科學家聲稱，如果用啟動遠古基因的方法，或許有朝一日可以透過基因技術將一隻雞變成一隻恐龍。

②長相最接近恐龍的現存鳥類叫鶴鴕，也叫食火雞，它的頭頂長著一個像雙冠龍一樣的骨質凸起頭冠。

180. 南北兩級的冰蓋是什麼時候留下來的？

全球冰凍現象，是 20 世紀 1990 年代初美國科學家約瑟夫·科什文克提出
的概念，也被稱為 "雪球地球"。
這一現象，指的是地球表面從兩極到赤道全部被結成冰，
地球被冰雪覆蓋，變成一個大雪球。

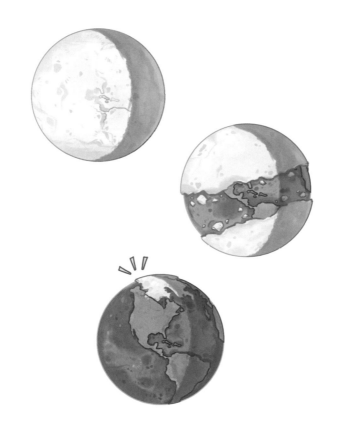

在地球歷史上，全球冰凍現象出現過兩次。
其中一次距今約 8 億到 5.5 億年，地球表面從兩極到赤道全部結成冰，
冰層的平均厚度達到了 240 公尺，而南北兩極的冰蓋便是那時候留下來的。

181. 在白堊紀就存在的植物活化石——龍血樹

龍血樹在白堊紀恐龍時代就已經存在，被譽為植物界的活化石。

龍血樹原產於非洲西部的加那利群島，形狀就像一把綠色的傘。
經過了無數次的進化，龍血樹現在是最適合生存在海南省的樹種之一。

龍血樹的紅色樹脂

龍血樹表皮受傷後會流出一種血色的液體，其實是龍血樹的樹脂。
可入藥，用於治療筋骨疼痛。

更多冷知識

①最長壽的樹是一棵生長在澳大利亞的蘇鐵樹，根據科學家分析，這棵樹已經存在了 1.2 萬 ~1.5 萬年。

②銀杏樹和松樹都是最長壽的樹種之一，如果沒有外界的破壞，它們都能存活數千年的時間。

182. 天然的蓄水塔——非洲猴麵包樹

猴麵包樹的學名叫波巴布樹，分佈在氣候炎熱、乾燥的地區。

為了減少水分的蒸發，它的枝頭常常是光禿禿的，一旦雨季來臨，
這種樹就會利用自己粗大的身軀拼命蓄水。

一顆猴麵包樹最多能儲存好幾噸甚至更多的水，
簡直是荒原裡天然的蓄水塔。

**猴麵包樹的果實不好吃
但是營養豐富**

猴麵包樹可以為旅行的人們提供救命之水，
如果用刀子在樹上挖一個洞，清泉就會噴湧而出。

①猴麵包樹的果實平均含水量達到 **8.7%**，含蛋白質 約 **2.7%**，脂肪約 **0.2%**，含糖 **73.7%**，纖維素 **8.9%**。　②猴麵包樹的根、皮、果、葉都能入藥，用來消炎、退熱，並具有鎮定安神的作用。

更多 冷知識

183.森林中的樹會互相幫助

如果森林中有一棵樹無法獲得足夠的水分或者陽光，
其他樹會透過樹根和地下菌將養分輸送給它。

你好像有點營養不良。

是啊。

那我給你一點養分吧！

謝謝！

更多
冷知識

①即使兩棵樹緊挨著，它們的樹冠也不會互相遮擋，反而會形成一個溝狀的開口，這種現象叫樹冠羞避。

②連理枝是指兩棵樹的枝幹合生在了一起，當樹皮磨光之後，樹枝貼近時，兩棵樹互相增生的新細胞就會長在一起。

184. 雲是有重量的，而且還不輕

平時的雲看起來就像棉花糖一樣，而且都由空氣組成，
好像沒有重量的樣子。
但是答案恰恰相反，雲不僅有重量，而且還挺重。

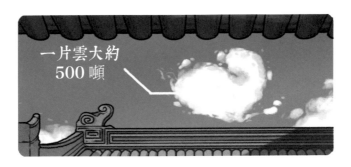

一片雲大約
500 噸

雲是大氣中水蒸氣遇冷液化形成的小水滴、小冰晶，
內部物質大部分都是水，
而水就肯定有重量了。一片雲的重量大約在 500 噸哦！

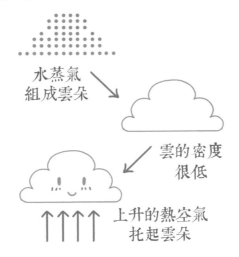

水蒸氣
組成雲朵

雲的密度
很低

上升的熱空氣
托起雲朵

那為什麼那麼重的雲卻不會掉下來呢？那是因為雲的密度很低，
隨著地面上的熱空氣不斷上升，
雲裡的小水滴不斷獲得升力，所以不會掉下來。

更多
冷知識

①積雨雲發展成熟的時候，厚度可以達到 12 公里左右，比珠穆朗瑪峰還要高！

②起風的時候，雲也飄得很快。雲快速移動的時候速度可以達到時速 36 公里，最快可以達到時速 50~60 公里。

185. 火山噴發為什麼會伴有閃電

閃電一般是和雷暴雨等極端天氣聯繫在一起的，
其實火山噴出的灰雲也能製造閃電。

火山噴發時形成上升熱氣流，而火山區域的周圍為冷空氣，
於是形成了空氣對流的條件。
當熱氣流較強的時候，對流強度提高，火山灰粒子相互摩擦會產生電流，
到達一定程度時便會產生閃電。

全世界共有
516 座活火山

更多
冷知識

①死火山是指史前有過活動，但歷史上沒有
噴發記錄的火山。

②世界上最小的火山叫布斯卡火山，它位於
義大利，只有 **1.2** 公尺高。

186. 地球的南北磁極不是固定不變的

地球的南北磁極大約每隔十萬年就會發生一次翻轉。

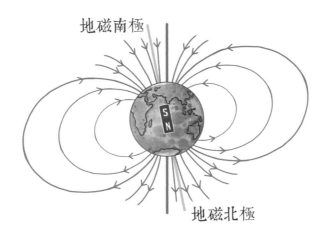

完全翻轉的意思是地磁的南極變為地磁的北極，
而地磁的北極則變為地磁的南極。

南北磁極翻轉
會導致指南針失靈

當地球出現南北磁極翻轉的情況時，
會給地球上的生物帶來極大的不便。

①磁極顛倒的時間可能長達數萬年至數十萬
年，整個翻轉過程非常漫長。

②當地球磁極發生翻轉時，燕子和鴿子以及
各種趨磁性細菌的方向感會變得十分混亂。

187. 地球的自轉速度正逐漸變慢

2 億年前，地球的自轉速度比現在快，
一天只有 21.9 個小時，一年有 400 天。

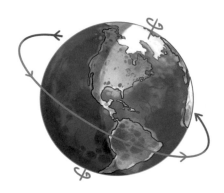

現在地球自轉週期為
23 小時 56 分 4 秒

而地球的自轉速度一直在逐漸變慢，變慢的幅度為每 100 年 70 毫秒。
也就是說大約 1 億年以後，地球的一天會比現在多出 1 個小時。

火星的自轉週期為
24 小時 37 分 22.6 秒

更多
冷知識

①在 4 億年前的珊瑚化石上發現，每個年帶中有 400 條日紋線，說明當時地球每年有 400 天。

②南北極的冰川融化，會導致冰塊減少，地球兩端的重量減輕會導致地球失衡，也會影響自轉速度。

188. 地球受污染程度遠超乎想像

據太空人表示，從太空中看地球，
1978 年的地球和 2017 年的地球 "判若兩球"。

1978 年
觀察到的地球

曾經清晰看見藍色、綠色和白色的地球，現在整體都呈灰褐色。

2017 年
觀察到的地球

能使整個星球看上去有這麼大的變化，其污染程度可想而知。

①地球的污染包括水污染、大氣污染、光污染、土壤污染和核污染等。　②科學家發現太平洋上的大垃圾帶越來越密集，如今覆蓋在北太平洋上的塑膠垃圾帶面積超過 160 平方公里。

189. 地球有地震，月球也有月震

和地震不一樣，月球上的月震威力小很多，發生的頻率也更低。

月殼　　　　　　　上月地函
　　　　　　　　　中月地函
月核　　　　　　　地震帶
月震震源　　　　　下月地函

月球在受到強大的作用力後，內部結構會發生調整變化，
而這些調整的外在表現就是月震。

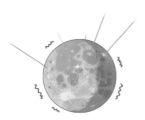

小行星撞擊
月球表面

小行星撞擊月球表面也會引起月震。

更多
冷知識

①因為地球潮汐引力的關係，月球永遠只有一面對著地球。

②月球也會自轉，週期是 **27.3216** 日，正好是一個恒星月。

190. 月球的外型更像一顆雞蛋

每逢農曆十五，我們看見的月亮都又大又圓，
看起來就是一個完美的圓球體。

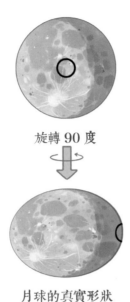

旋轉 90 度

月球的真實形狀

但其實月球並不是一個標準的圓球體，月球實際上更像一顆雞蛋，
一直用較大的一面朝向地球，而較長的一面背向地球。

對著
地球的
一面

這樣看，月球實際上是一個橢圓球體。

①月球的重心和幾何中心並不符合，其重心偏向地球約 2 公里。

②月球直徑大約是地球的四分之一，質量大約是地球的 1.2%，是太陽系中排名第五的衛星。

191. 關於月蝕的有趣解釋

現代我們知道，月蝕是因為地球在月球和太陽的中間擋住了陽光
造成的天文現象。
但是在古時候，不瞭解真相的古人對於月蝕做出了不少有趣的猜測。

吃不下
了……

天狗食月

有一種說法叫"天狗食月"，說的是一隻巨大的狗將月亮吞進肚裡。

世界上的其他文明也有動物將月亮吃掉的傳說，古埃及認為月蝕是豬把月
亮給吃了，而古印加帝國的傳說認為是美洲豹餓了，才把月亮給吃掉。

更多冷知識
①在火箭和人造衛星發明以前，天文學家一直靠觀測月蝕來探索地球的大氣結構。

②月蝕還分為月偏蝕、月全蝕和半影月蝕三種。每年發生月蝕的次數一般為 2 次，最多 3 次。

192. 太陽也有自轉和公轉

地球繞著太陽公轉，同時自轉。那麼太陽呢？

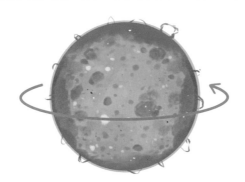

**太陽自轉一天
大約需要 25 個地球日**

因為太陽是氣體恆星，所以太陽的不同地區還有不同的自轉速度，
太陽赤道的自轉速度最快。

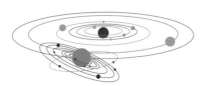

**太陽系及其它恆星
都圍繞銀河系中心公轉**

同時，太陽還會帶著整個太陽系，一起繞著銀河系的中心公轉，
2.5 億年才能繞銀河系公轉一周。

①比起 47 億年前地球尚未誕生的時候，太陽
已經緩慢膨脹了 10%。　　②太陽距離銀河系的中心大約 2.6 萬光年。

更多
冷知識

205

193. 太陽在太陽系總質量中佔多少？

在太陽系中，太陽是當之無愧的大家長，但到底有多"大"呢？

太陽的質量佔據
太陽系總質量的 99.86%

其它物質的總和

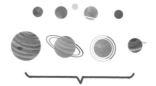

佔太陽系總質量的 0.14%

木星

佔太陽系總質量的 0.07%

這微弱的 0.14% 中，還有一半屬於木星。

更多冷知識

①太陽的真實顏色是白色的，因為地球大氣的作用看起來是黃色，日出和日落時會是紅色或者橙色。

②大約 10 億年後，太陽的光照強度比現在要強 10%，再過 50 億年，地球就會被太陽吸引過去並被吞噬。

194. 水星是一個大金屬球

水星是太陽系中最小的行星，位在離太陽最近的軌道上。

水星

地球由板塊構成，而水星只有一層薄薄的單一地殼包裹著充滿熔鐵的地核。
水星的液態地核占其體積的 60% 以上，而地球的地核只占地球體積的 15%。

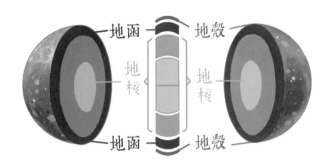

所以，其實水星是一顆被一層岩石包著的大金屬球。

①水星因為其熾熱的稠密核心冷卻和凝固導致收縮，從形成之日起，水星的直徑已經縮短了大約 4.8 公里。 ｜ ②水星環繞太陽公轉一周的時間大約是 88 個地球日，而它自轉一周的時間大約為 58.6 個地球日。

195.人類為什麼不登陸金星？

金星是距離地球最近的行星，
從地球到金星只需要一百天左右的飛行時間，
但是為什麼人類探索宇宙不選擇登陸金星呢？

金星

一個原因是，金星比地球更靠近太陽，其表面溫度高達 462℃。
另一個原因是，金星的空氣中二氧化碳含量達到 97%，
表面大氣壓相當於地球的 90 倍。

平均溫度
462° C
二氧化碳
97%

平均溫度
15° C
氮氣 78%
氧氣 21%

所以，雖然登陸金星看似簡單，
但其實它是一個環境惡劣的大火爐。

更多
冷知識　①金星的自轉速度比公轉速度慢，所以金星　②金星在清晨時出現在東方天空，被稱為啟
　　　　上的一天比一年要長。　　　　　　　　　明星，它傍晚出現在天空的西側，這時候被
　　　　　　　　　　　　　　　　　　　　　　稱為長庚星。

196. 如果沒有木星，可能就沒有地球和人類

木星是太陽系八大行星中體積最大、自轉最快的行星，
也是太陽系中體積最大的氣態行星。

地球

木星

木星的質量是地球的 318 倍，
它巨大的引力會改變絕大部分本來奔向地球的隕石和彗星的軌道，
避免了這些隕石和彗星對地球的撞擊，地球才有了誕生文明的可能。

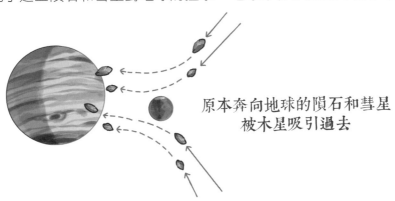

原本奔向地球的隕石和彗星
被木星吸引過去

木星承受了許多原本可能會毀滅地球的災難，
所以如果沒有木星，地球可能早已不復存在。

①木星是太陽系擁有衛星第二多的行星，目前一共發現了 79 顆木星衛星。排第一的土星已確認的衛星數是 82。

②木衛一、木衛二、木衛三和木衛四是義大利天文學家伽利略發現的，也被稱為伽利略衛星。

更多 冷知識

197. 木衛二是太陽系內最有可能
存在生命的地外星體

木衛二離太陽很遠，溫度很低，表面有一層厚達 10~30 公里的冰層。

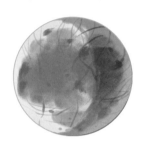

木衛二

而由於距離木星較近，潮汐作用十分強烈，在潮汐力的作用下，
使得冰層下的水獲得能量保持在液態。
厚厚的冰層下，存在著可能深達 100 公里的海洋。

冰層
海洋
地質
活動

而海底下很有可能存在地質活動的熱源，
有可能出現生命。

更多冷知識

①木衛一上有數百座火山，是太陽系中最活躍的衛星，其火山爆發時噴射的物質可以飛到 **400** 公里外的太空中。

②木衛三是木星最大的衛星，地表蘊含著驚人儲量的水資源，可能存在冰質海洋。

198. 土星的星環可能來自它破碎的衛星

星環是一種常見的現象，太陽系中的土星、木星、天王星和海王星，
甚至一些小行星都有星環。
但是土星那壯觀的星環多達 4 層，很可能來自它被撕裂破碎的衛星。

土星

衛星破碎後的殘留物質繼續繞著土星旋轉。但是隨著對土星環更多的觀測，
科學家發現土星環的形成原因也許並不止一個。

①雖然土星是太陽系第二大行星，但它的密　②科學家相信土星保留著幾十億年前形成時
度比水的密度還小。　所擁有的全部氫和氦，因此研究土星的成分
就等於研究太陽系形成初期的原始成分。

199. 天王星和海王星上或許有數百萬克拉鑽石

像天王星和海王星這樣的行星，
其內部由包裹在厚厚冰層中的一個硬核構成，
冰層的主要成分是碳氫化合物、水和氨。

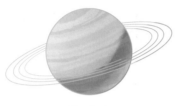

天王星

海王星

長期以來，天文物理學家一直猜測這兩顆行星內部的巨大壓力
使得碳氫結構斷裂，碳原子形成鑽石，進而沉入硬核深處。

鑽石
地核

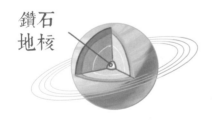

鑽石
地核

更多冷知識

①天王星的 27 顆衛星都是以莎士比亞戲劇中的人物和亞歷山大・波普作品中的人物命名的。

②海王星是第一顆透過數學計算預測存在，之後再透過望遠鏡觀測到的行星。

200. 太陽系邊緣可能還存在一個巨大的行星

太陽系的行星真的只有現在這八顆嗎？
從冥王星被取消行星身份之後，
科學家們持續尋找可能存在的新的第九行星。

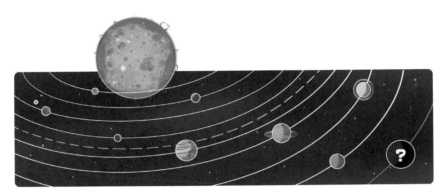

太陽系以及
可能存拄的**第九大行星**

而加州理工大學的天文學家用數學計算和模擬，
推測出應該有一個遠超過海王星大小的巨大行星在太陽系的邊緣。

這顆可能存在的第九大行星
被命名為幸運星

只不過想要找到這顆行星，也許要花上數十年的時間。

①太陽系已經有一百多年沒有發現新行星了，上一顆被發現的行星是海王星，它在1846年被人類發現。

②研究人員曾在太陽系內發現了幾個新的天體軌道，但是無法確定其完整軌跡，更無法確定新行星的存在。

冷知識 小劇場

毛茸茸的恐龍

越來越多帶羽毛的恐龍化石被發現，

那麼毛絨絨的恐龍要怎麼生活呢？

哇啊！

跑太慢了吧？

……

羽毛太多……跑不動

發現恐龍的羽毛化石之前，羽毛被視為是鳥類獨有的特徵。現在，科學家推測毛絨絨的恐龍就是現代鳥類的祖先呢！

木衛二之下

木衛二雖然表面覆蓋著冰層，

但冰層下的海洋是溫暖的。

溫暖的海洋極有可能誕生生命，

所以這片海洋受到極高的關注度。

又或許……

已經存在了呢？

木衛二的海底環境和地球上的深海熱泉、南極的沃斯托克湖都有相似之處，所以真的可能存在簡單的生物。